噢！原來如此

有趣的

鳥類學

圖/陳湘靜

文/陳湘靜、林大利

獻給所有
鳥類研究人員

U0020285

目 ——— 錄

陳湘靜

用插畫詮釋我眼中的鳥類世界

樹木學忘光光的森林系畢業生
參與過鳥類研究的插畫家

其實不記得什麼時候開始賞鳥了，只記得小時候在鄉下，看到不認識的鳥就會去翻圖鑑對照。說來奇怪，明明也有蝴蝶、青蛙、蜥蜴等其他生物，但鳥總是讓我特別好奇。

竹雞、白鶺鴒、烏頭翁、紅嘴黑鵯、剛剛那隻……有點像虎鶇！就這樣不知不覺的，注意起周遭的鳥。透過望遠鏡偷窺牠們的各種姿態，驚豔於牠們的可愛、美麗、帥氣，不時在望遠鏡這頭像個痴漢般痴痴的笑，累積與每種鳥相遇的記憶畫面。直到上了研究所，每天早起出門在樹林間追蹤冠羽畫眉的一舉一動，並透過錄影畫面觀察，才體會到原來牠們背後還有這麼多故事。即便之後沒有繼續研究的工作，卻也養成閱讀鳥類研究文獻的興趣。

「好有趣喔！我要去查牠相關的研究成果！」這是我看到感興趣的鳥時，腦中冒出的第一個想法，也是我認識牠們的方式。沒有到戶外賞鳥的時候，在室內隨時都能透過研究資料另類賞鳥。一邊讀一邊想像，與腦中各種天馬行空碰撞、融合，冒出許多點子火花來，持續累積，不輸出反而很難受！花了兩年的時間，把這些點子從無形的想像，一一轉化固定在插圖上。在大利的大力幫忙下，做了系統性的整理，將近期國內外的研究成果與鳥類學的知識結合，希望藉由圖文搭配，讓讀者能以輕鬆易懂的方式，探索鳥類知識小宇宙！

而這些，都是以無數鳥類研究人員的投入與付出為基礎。這些過程大部分很辛苦，可能

一點也不有趣，設計執行、蒐集資料、分析數據等，都會遭遇各種難以想像的障礙，但卻是必經之路。沒有這些研究資料的累積，我們也無從得知原來鳥鳥們還會這樣、那樣啊。一個個研究成果慢慢由點連成線，再由線連成面，逐漸拓展我們已知的領域。

這本書也是這樣點滴累積出來的。閱讀科學新發現很有趣、點子形成很興奮、一隻隻鳥在筆下冒出來很開心、畫面逐漸成形很感動，但也充滿了各種想不出來、寫不出來、畫不出來，抱頭哀號的痛苦！站在窗邊喘口氣時，傳來大冠鷲的叫聲、看到綠繡眼從眼前飛過、圓滾滾的家燕菜鳥們在電線上理毛，看著看著嘴角也忍不住上揚，彷彿充飽了電，又有力量回到螢幕前繼續了！

不論你是否對鳥類有興趣，牠們都像這樣存在於我們的生活周遭，一樣在地球上生活，一樣為了生存、繁殖而努力著。這本書是想讓大家用輕鬆的心情，來認識這群可愛又迷人的生物。如果你因為這本書對鳥類有所改觀，或對其他生物產生興趣，那就太好了！接下來，請翻開內頁，一起進入鳥類的世界吧！

林大利

看見小鳥、看見自己、看見還可以更瘋狂的自己

特有生物研究保育中心助理研究員
澳洲昆士蘭大學生物科學系博士生

從高一（2001 年）開始，我看小鳥看了將近 20 年。從把鳥納入望遠鏡的視野中、正確喊出牠們的名字、學習鳥類生物學理論。至今，成為以鳥類為研究對象的研究者、以賞鳥為休閒活動的自然愛好者。鳥類，早已成為我生活的許多部分。

我的賞鳥紀錄說也瘋狂、似乎也不算非常瘋狂。剛剛計算下來，我在世界各地共看過 960 種小鳥，在臺灣則看過 401 種。礙於疫情無法出國看小鳥，卻也在今年把臺澎金馬和北方三島都走透了。幸好，我仍然沉溺在賞鳥與大自然的愉悅之中。走在有樹的地方，會自然而然的抬頭東張西望，有時我會突然停下腳步，往路旁的樹叢探過去，只因為我聽見了一聲不尋常的聲音。

這輩子第一次看見的新鳥種，賞鳥圈稱為「生涯新種」（Lifer），生涯新種的累積，是大多數賞鳥人共同追求的數字目標。我看鳥的心情有點一半衝刺，一半隨緣。有時候我會跟著鳥訊衝去第一現場與眾多大砲共同目擊稀有鳥種；有時候只是帶著休閒的心情，想著也許會與哪位貴客不期而遇。無論以何種方式，第一次看見生涯新種都會令我印象深刻，腦海中仍然能記得我第一次看見每一種鳥的時空場景。

賞鳥就是這樣讓人又愛又恨的活動。能掌握的，總有失手的例外；無法掌握的，卻又有意外的驚喜。除了學習辨識鳥類之外，我還能投入更多心力學習鳥類的各種知識，甚至設計研究來更加瞭解牠們。不僅如此，我也

很幸運的能獲得許多機會與眾多關心環境、熱愛小鳥的志同道合鳥友們，分享鳥類學上的新發現與新知識。就我的觀察，許多鳥友在學習賞鳥的過程中，也渴望學習更多鳥類學的相關知識。可惜現在市面上具有的中文版素材相當有限，我們也還沒有一本完整的鳥類學教科書。

因此，當我獲邀參與這本書的製作時，感到非常的高興與期待。透過湘靜可愛又有趣的插圖，以及淺顯易懂的文字，我們可以嘗試做一本鳥類有趣知識的圖文書。這本書的目的，不在於介紹小鳥，也不是要嚴肅的上課，而是把我們在科學研究上發現的有趣鳥類知識分享給各位。如果只是我們自己和學術圈說說笑笑，不跟大家說故事，實在是有點自私壞心。如果你是因為鳥兒可愛、漂亮、有趣、活潑、多樣而開始抬起頭觀察小鳥，我們現在要開始跟你說故事；如果你還沒有仔細觀察鳥類的經驗，那也歡迎你跟我們一起聽小鳥的故事。

小鳥就是如此引人注目，即便你沒興趣，你也不可能忽視牠們。這些大中小傢伙們就是如此存在感十足的和我們一起生活！觀察小鳥，是 0 歲到 100 歲都可以從事的健康休閒活動，如果不介意，不妨試著跟鳥友出門看小鳥吧！他們會很慷慨的借你望遠鏡（吧）。可惜，故事很長，光是這本書說不完。希望我們還能在下一本書見面，祝福各位，鳥運亨通！

袁孝維
國立臺灣大學森林環境暨資源學系 教授

湘靜和大利都是我在臺大森林系的碩士班指導學生，他們兩人合著了《噢！原來如此有趣的鳥類學》，這是一本拿起來就令人愛不釋手，忍不住想要一口氣讀完，並且回頭一再翻閱的書。這本書的內容豐富，資訊正確，且文筆風趣，再搭配清新幽默、風格流暢的漫畫，塑造了一本擁有獨特 DNA 的科普鳥書。

鳥類的世界精彩多樣，非常迷人！你很難想像全世界一萬多種的鳥類，因為歧異度很高，牠們必須適應的環境與面對的挑戰也大不相同。因而在飛翔、覓食、遷徙、換羽及生殖等等面向，就各自發展出許多有趣而奇特的行為，也讓我們見識到大自然的奧妙，並由衷讚嘆鳥類巧妙的生存之道。因而在觀察鳥類世界的同時，也不免啟發了人類勵志的心懷意念，真的就是「一枝草一點露」以及「天無絕人之路」。不管你是大鳥小鳥，是強是弱，能夠長期生存在這個世界上的任一角落，就代表你有過人的意志與調適的能力，因此每一個人都不應該輕忽自己可能的潛力。另外「今日鳥類，明日人類」，也讓我們由鳥類回到人類自我的省思，啟發對地球環境的關愛。

接下來我想談談作者，這兩位元氣滿滿的森林系女孩男孩。湘靜是一個可愛嬌小的女生，當時我把她放在南投梅峰冠羽畫眉的研究團隊裡，在山上歷經無數個晨昏風雨，完成了一篇漂亮的碩士論文。但是我一直不知道她會畫畫，直到畢業了之後，她把冠羽

畫眉 20 多年的研究成果，以科普方式畫出了牠們獨特合作生殖的故事，我才知道原來這個女孩子這麼有才華。湘靜的畫風輕巧優雅，帶著不著痕跡的幽默感，即便畫中鳥兒眼睛是一條線或一個點，都可以看到牠們的喜怒哀樂。而大利在學校的時候就是一個很愛說話、有熱情，大一進來就像個研究生的樣子。呵呵，我不是說他的長相，因為他長得很帥，像年輕的周潤發，我是對他在專業知識的嚴謹態度與求真熱誠而感佩，小小年紀看起來就像是個飽讀詩書、胸有成竹的研究生。

把這兩位年輕人加起來，就完成了這本令人驚艷的鳥書。我也很高興在書裡看到我在「鳥類生態與保育學」課堂上講授內容的影子，但是顯然是青出於藍，我都很詫異知識量不少的課程，怎麼能夠轉換成這麼有趣的文字和圖畫！所以這本書亦將成為未來我給同學們上課的參考書籍。在此我鄭重推薦此書給所有對鳥類有興趣的你們，因為這不僅是一本知性的鳥書，裡面更有對鳥類世界滿滿感性的描繪。

丁宗蘇

國立臺灣大學森林環境暨資源學系 教授

這本書是臺灣之光、臺灣的驕傲，是每個人都該閱讀、擁有的一本書。

《噢！原來如此 有趣的鳥類學》以圖文並茂的方式，介紹臺灣及全世界鳥類的種種知識。老實說，這樣的書不好發揮喔，因為很有可能會陷入「侷限的介紹範圍」、「瑣碎無趣的專業知識」、「似是而非的腦補想法」，或「枯燥無味的文字內容」等等的陷阱。但令人驚奇的是，湘靜與大利避開了這些陷阱，完成了一個難得的傑作。

這本書的內容，正確又現代，而且打擊面廣，納進鳥類學各層面的知識，陳述的內容都有科學依據。雖然文字很淺顯，但大家可以看看這本書的參考文獻，就像是做科學報告一樣，納進各個主題具代表性的現代文獻，很多都是世界上最新的研究進展。更難得的是，這本書以臺灣為主體來講鳥類學，不是完全追隨歐美的鳥類學研究，更不是國外書籍的翻譯版。書中所提到的臺灣藍鵲、冠羽畫眉、藪鳥，都是臺灣特有種；熟悉臺灣鳥類的人，讀了這本書的種種內容，會感覺超級親切的啦。除此之外，這本書也立足臺灣、胸懷全球，納入很多臺灣沒有、來自世界各大洲的經典案例，讓大家認識世界鳥類的全貌。同時，這本書內容涵蓋了生物分類學、動物行為學、生態學、功能形態學，讓它不僅是鳥類學的好書，也是生物學或自然科的優良補充讀物。

閱讀沒有負擔，是這本書更難得的優點。雖

然內容是專業的知識，但是這本書卻讓人有看漫畫書的趣味感及期待感，可說是老少咸宜、知識與趣味兼具。湘靜與大利的文字超淺顯幽默的，而且充滿了年輕人或臺灣鄉民的慣用語，讀著讀著，嘴角常常就不爭氣的上揚了。再加上湘靜傳神、逗趣的全頁插圖，每隻鳥的眼神與動作都好有事喔，讓人打開這本書就停不下來，讓人看了就不禁愛上這本圖文書。而且，這本書很能追上時代潮流，以 QR code 的方式讓大家可以聽到各式各樣的鳥音，根本就是文、情、圖、聲並茂的好棒棒作品。

身為湘靜與大利的師長，我很高興看到他們產出這本優秀作品，並且一睹為快。身為一個臺灣人，我也感謝他們願意花時間，來完成這本為臺灣人所準備的特有書籍。超推薦這本書，你一定要擁有！內容專業與趣味兼優、老少咸宜，不僅可以當成大學鳥類學課程的參考書，也會是我小學兒子廢寢忘食的珍愛書籍。

拿起這本書，走向櫃台，用新臺幣讓它下架！從此之後，你生命中的每一隻鳥，都是會讓你微笑的精靈與朋友。

洪志銘

中央研究院生物多樣性研究中心 副研究員

對於身為鳥類研究人員的我來說，閱讀鳥類學教科書與學術論文是增進鳥類學知識的不二法門，但我的孩子卻以嫌惡的眼神望著這些讀物，讓我深切理解到自己的想法可能只適用於地球上的一小撮人；不過，孩子們卻充滿興趣地看著湘靜兩年前為我繪製的一幅畫，在其中茶腹鳾攀爬於樹幹上，旁邊還有個牠所修築的巢洞，才讓我體認到，繪畫能比學術文章吸引更多人的注意。

憑藉撰寫論文進行學術交流（或賺口飯吃）的我，還是不會否定文字的力量與科研結果的價值！令我興奮的是，這本書結合了這三項元素，以幽默易懂的文筆，配合可愛生動的插畫，佐以客觀的科學研究數據，將鳥類學的知識，輕易地印到讀者的腦裡。

閱讀此書時，我欽佩於大利能用深入淺出的寫作風格，將艱澀的科研結果，以秒懂的方式傳達給讀者，這需要對這些研究有透徹的理解才能辦到；我也驚豔於湘靜能以簡單的筆觸，輕易但不失真地畫出各種鳥的外型特徵與行為，且鳥兒間的擬人對話，更令人莞爾一笑。

讀者能從他們的合作創作中，閱讀到鳥類世界的精彩，就像在看一齣齣宮廷鬥爭劇、灑狗血鄉土劇、科幻推理劇、或明星成長紀實。另一方面，我也相信本書能讓我們在這個資訊充斥的時代，重拾閱讀書本的樂趣。

相較於一般鳥類學相關書籍，本書有不少主題是以臺灣的鳥種為例，能讓臺灣讀者對於

周遭鳥類的行為以及我國的鳥類學研究有貼身的了解，更顯可貴。

我相信對我的孩子以及眾多讀者來說，這本書是瞭解鳥類學的絕佳入門讀物（我得忍痛承認，比我的學術論文還要適合）。即使你是科學家，這本書也能成為輕鬆獲取鳥類相關知識的另一個窗口。

張東君

金鼎獎科普作家、譯者

林大利這個要叫巫婆「師姑婆祖」的（廣義）學弟不是只有翻譯跟審定而已，居然還跟臉書粉專「鳥事」的版主陳湘靜一起寫了一本鳥書！而且是百分百可以翻譯成外語賣給各國鳥人、喜歡鳥對鳥有興趣的鳥友、需要上鳥類學的同學、想要參考如何把鳥及其他生物與非生物畫得又可愛又正確的各方人士，甚至平時不是鳥友的人，都會很想擁有一本的鳥書！

雖然我叫青蛙巫婆，但是我的碩士論文其實是做鳥的，而且是鳥叫——做白頭翁和烏頭翁的叫聲比較，所以在看書中說明鳥叫的時候就特別開心，並且看看大利是怎麼描述鳥叫聲。他除了用英文拼出叫聲之外，也用中文字，當初我主要是用注音，然後中文字、

英文，因為用中文發音真的有些聲音拼不出來。但是就算如此，我拚出來的聲音，例如白頭翁的叫聲我寫「啾啾唧啾啾」，我的指導教授唸一唸覺得她聽到的聲音不是這樣；而鳥類圖鑑上寫的則是「巧克力巧克力」，換我覺得完全不像。所以要「公平公正公開」的展現鳥類叫聲是怎麼樣，而且是「世界共通」的時候，就是使用像書中以藪鳥叫聲為例畫出的頻譜圖。話說回來，我們是在二十世紀後半才用聲音分析的機器看聲紋，在十九世紀時的博物學家卻是用五線譜來寫出各種動物的叫聲，非常的厲害。

言歸正傳，這本鳥書最大的優點，在於各個章節提到的鳥類行為與生態，除了平時在教科書上出現的物種之外，還盡可能的舉臺灣

本土鳥種為例，不論牠們是留鳥、候鳥、過境鳥還是迷鳥。而最優的賣點，是大大小小的每一個圖，就連雞的身體內部構造、遷徙路線都畫得超級可愛而且正確還能一看就記住。此外，還會讓人看著看著就非常想要敲碗，想請多才的作者兼繪者把這些圖都做成周邊商品；不過另一方面，要是真的做成貼圖、繡片、徽章、衣服等等的話，可真會是個敗家無底洞哩。

對我來說，這本書還有另外一個非常大的用處，就是專有名詞的中英文學名及參考文獻的對照（雖然對大部分的人來說也許不需要，但是學一下也很好喔）。而且在這本書中，還把提到的鳥種都做了簡介，完完全全就是個鳥類學小書（足足有15頁）。不是

我要說，從以前到現在，我們在講專有名詞的時候，有些名詞沒有適切的中文，大多直接講那個字詞的英文；大學時的課本，就算偶爾會有中文版，也是每個字都會讀，但湊起來看不懂，還不如看原文書就好。

這本鳥書，會是今後生物相關科系要教鳥類學時的必備用書，因為內容真的既在地又國際，雖然簡單易懂，卻又滿滿的都是知識呢！不論你原本鳥不鳥鳥（賞不賞鳥），或是鳥鳥不鳥你，看完這本書之後，一定會變得目中有鳥，很想鳥鳥。

什麼！恐龍還沒滅絕？

《爾雅·釋鳥》：「二足而羽謂之禽。」（鳥類是兩隻腳、有羽毛的生物。）這本古代中國最早的辭典，已相當正確的定義了「鳥類」這群引人目光的特別生物。即使你對動物興趣缺缺，日常生活中也難以忽略鳥類的存在。如果你對恐龍感興趣的話，那就更不能錯過這些飛來飛去的小鳥，因為他們就是「活生生的恐龍」。

鳥類的起源，一直是個熱門的議論，在許多化石證據陸續出爐後，現在可以很有信心的說：「鳥類就是獸腳類恐龍活生生的後代！」大約1億5千萬年前的某群獸腳類恐龍，是所有現生鳥類的共同祖先。經過長時間的演化，變成現在各式各樣的小鳥，稱霸了廣大遼闊的天空。

17

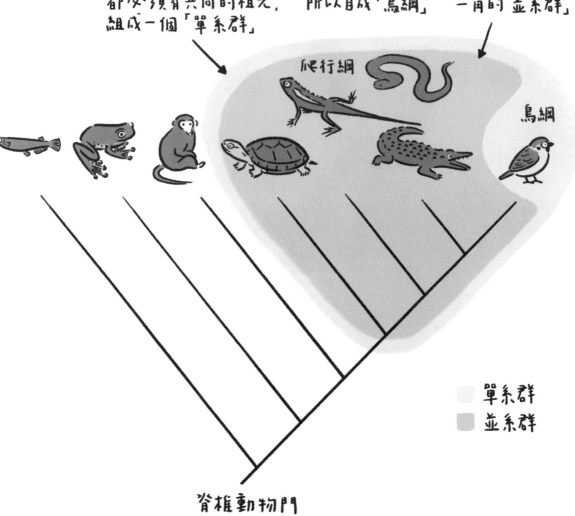

理論上任何分類群都必須有共同的祖先，組成一個「單系群」

但鳥類太特別了，所以自成「鳥綱」

爬行綱便成缺了一角的「並系群」

爬行綱

鳥綱

單系群
並系群

脊椎動物門

鳥類是一群特別的爬行動物

國中生物課本寫到，鳥類屬於「鳥綱」，「爬行綱」則包括蛇、龜、鱷、蜥蜴，還有已經死光光的恐龍。事實上，這些小鳥既然是恐龍的後代子孫，就應該和恐龍一樣放在「爬行綱」裡面，但是，生物學家和分類學家都同意，鳥類實在是太特別了，於是將鳥類特別自成一家「鳥綱」。

這樣的處理並不符合現代分類學的原則——任何分類群都必須是具有共同祖先的一群生物——組成一個「單系群」（monophyletic group）。結果，少了一群夥伴的爬行綱，便形成「缺了一角」的分類群，稱為「並系群」（paraphyletic group）。

持續變動中的鳥類分類圖

雀形目

動盪的鳥類分類

依據 IOC 世界鳥類名錄 10.2 版，全世界鳥類共有 10,787 種，分別屬於 40 個「目」[1]，其中有一半的鳥類屬於超級大目「雀形目」。

隨著分子技術進步，分類學家正忙著重新檢視鳥類的分類，許多以前因為長得非常像，而被認為是同一種的兩群小鳥，其實是不同的兩種鳥！分布於西藏的地山雀，以前認為是鴉科鳥類，就稱牠為「地鴉」，後來透過 DNA 的研究才發現牠和山雀的關係比較接近，於是連忙改名為「地山雀」。隼這一類猛禽，因為和許多鷹類很像，所以放在鷹形目。但是，透過親緣分析發現，牠們其實和鸚鵡的關係比較接近，於是改為隼形目，和鸚鵡目作鄰居。還有，以前所認為的「紅腹八色鶇」，研究出爐之後，一夕之間分成 13 種不同的小鳥[2]！

就目前的趨勢看來，全世界的鳥種只會越來越多，而且彼此長得很像，圖鑑上甚至會寫「在野外無法辨識，但是 DNA 證據顯示牠們屬於不同鳥種」。科學家估計，如果分類全部釐清，全世界的鳥類會增加到 2 萬種！但這不是因為地球上的鳥類變多了，而是我們更加瞭解這群小鳥[3,4]。

想看所有鳥類的親緣關係，可以玩玩看 OneZoom 的鳥類分類樹。

以前認為的「紅腹八色鶇」，一夕間分成 13 種不同的小鳥！

21

地形、氣候、食物、繁殖條件等因素，都會限制鳥類的分布

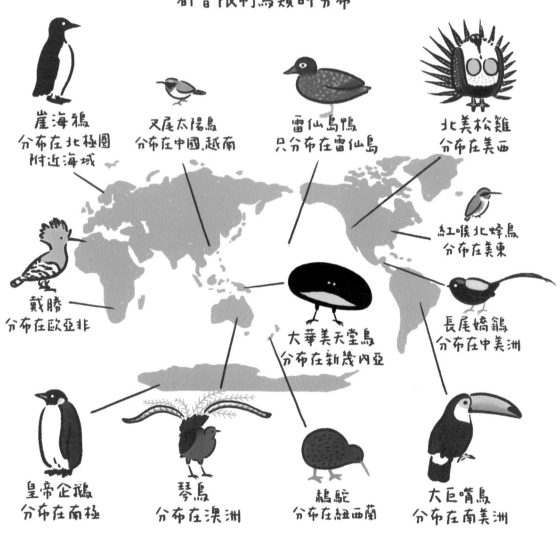

崖海鴉
分布在北極圈
附近海域

叉尾太陽鳥
分布在中國、越南

雷仙島鴨
只分布在雷仙島

北美松雞
分布在美西

戴勝
分布在歐亞非

紅喉北蜂鳥
分布在美東

大華美天堂鳥
分布在新幾內亞

長尾嬌鶲
分布在中美洲

皇帝企鵝
分布在南極

琴鳥
分布在澳洲

鷸鴕
分布在紐西蘭

大巨嘴鳥
分布在南美洲

鳥類的分布

鳥類為飛而生。「飛行」大幅提升了鳥類的移動能力，更容易跨越海洋、沙漠和高山等地理障礙。然而，即便有高超的飛行能力，地形、氣候、棲地、食物、繁殖條件等因素，都會限制各種小鳥能不能在某個地方活下去，有 94% 的鳥種僅分布於一個洲。廣泛分布於南極以外五大洲的「全球種」並不多，例如魚鷹和遊隼；也有一些只分布於島嶼或狹小區域的「狹布種」，例如雷仙島鴨僅分布於 3.4 平方公里的雷仙島[5]。

也因此，每塊大陸都有其獨特的鳥類組成，其中多樣性又以中南美洲最為豐富，約有 3,700 種、超過全世界三分之一的鳥棲息在這裡。有趣的是，有些鳥種雖然分布和親緣關係甚遠，卻有著相似的外觀：例如北半球的海雀和南半球的企鵝都擁有流線結實的體型來潛水抓魚；美洲的蜂鳥及歐亞非的太陽鳥都有特殊的鳥喙以取食花蜜。

這是「趨同演化」（convergent evolution）在作祟，不同的生物因為生存於相似的環境，而發展出相似的外觀和行為。

因為生活環境相似，發展出相似的外觀和行為

長喙天蛾

蜂鳥

太陽鳥

01

形態與生理

各式各樣的鳥喙
是重要的覓食工具

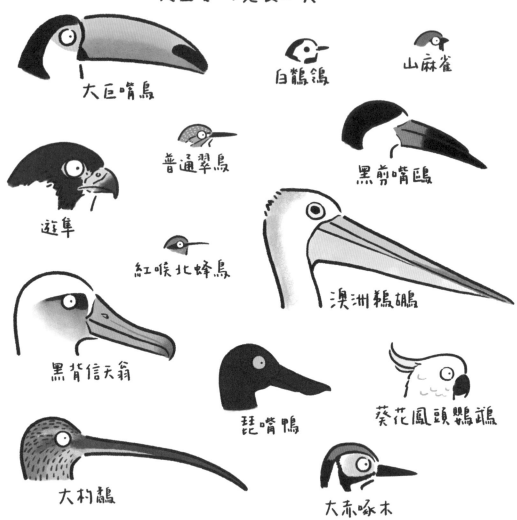

大巨嘴鳥

白鸚鵒

山麻雀

普通翠鳥

黑剪嘴鷗

遊隼

紅喉北蜂鳥

澳洲鵜鶘

黑背信天翁

琵嘴鴨

葵花鳳頭鸚鵡

大杓鷸

大赤啄木

鳥喙是最重要的第五肢

鳥類的前肢為了飛行而特化為翅膀，失去「雙手」的鳥類，鳥喙便成為重要的工具。相較於哺乳類的嘴巴，鳥喙沒有牙齒，像把鑷子只能捕捉或撕開食物，但卻能有效減輕體重，有助於飛行。

生活在不同環境的小鳥，覓食習性不同，鳥喙也演化成各種不同的形態。例如猛禽強壯且帶鉤的嘴喙，可以撕裂獵物；琵嘴鴨的嘴喙有助於過濾水中浮游生物；蜂鳥細長的嘴喙可以深入花朵吸食花蜜等。簡單的說，各式各樣的鳥喙都能讓小鳥更順利獲得各種食物，還能拾取物品、理毛和築巢等，可以說是鳥類最重要的「手」。

鳥喙由角質層包覆住血管神經及骨骼，比起頭骨，鳥喙可以較靈活的運動，增加捕捉食物的能力。有些水鳥的上嘴喙可以彎曲，稱為「彈性嘴喙」(rhynchokinesis)，這個特性也讓水鳥能捕捉不同體型的獵物[6]。

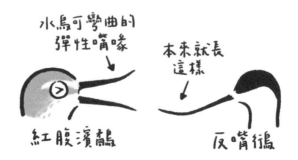

水鳥可彎曲的彈性嘴喙 紅腹濱鷸

本來就長這樣 反嘴鴴

你以為的小腿
其實是我的腳掌喔！

鳥類　　人類

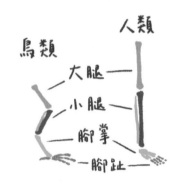

大腿

小腿

腳掌

腳趾

抓著樹枝睡覺
輕鬆z！ZZZ

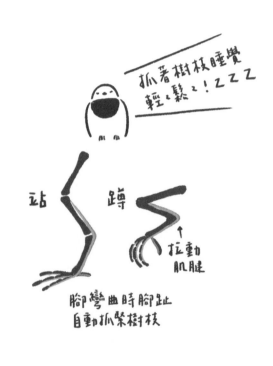

站　　蹲

↑
拉動
肌腱

腳彎曲時腳趾
自動抓緊樹枝

好冷！幸好
腳有禦寒機制

熱能由
動脈往靜脈
傳導

腳底只比
環境溫度
高一點

腳趾著地的鳥仔咖

鳥類是踮著腳尖走路的「趾行動物」（digitigrade），意思是走路時只有腳趾著地，貓、狗和恐龍也是如此；人類則是「蹠行動物」（plantigrade，蹠音同直），走路時腳尖及腳掌著地。所以，不要懷疑，你平常看得到的鳥腳，第一段是小腿、第二段是腳掌、貼在地上的是腳趾，大腿和膝蓋被羽毛蓋住了。順帶一提，馬是「蹄行動物」（unguligrade），只有指甲著地走路。

樹棲型小鳥的雙腳，「蹲下」時有一條連結到腳趾的肌腱會讓鳥爪彎曲，自然而然能夠抓緊樹枝，睡著也不用擔心會掉下來。睡醒後，只要兩腳伸直，鳥爪就會自動張開，準備起飛！

紅鸛和許多水鳥在休息或睡覺時會「單腳站立」，除了能減少接觸面積而避免熱能流失，腳內血管的「逆流交換機制」（countercurrent exchange）也有保暖效果，由於動脈和靜脈緊鄰，溫暖的動脈血液往腳底輸送時，能「加熱」隔壁的靜脈血，而腳趾的溫度則和環境溫度接近。此外，紅鸛在單腳站立時，靠著體重跟地面的反作用力達到靜力平衡，甚至比雙腳站還要更省力也更穩定呢[7]！

紅鸛單腳站立
反而更穩定！

各式各樣的羽毛

羽毛是鳥類最重要的特徵，也是鳥類翱翔天際的重要構造。但是，羽毛並不是鳥類的獨家特徵，大約早在兩億年前，恐龍的祖先可能都有類似羽毛狀的結構，只是複雜的程度不同，有些還很像爬行動物的鱗片，而有些已經接近現代鳥類的羽毛[8]。

鳥幾乎全身都覆蓋著羽毛，一根根羽毛形成鳥類全身的「羽衣」（plumage）。除了飛行，羽毛還能形成絕緣層保暖，也因此我們運用羽毛來製作羽絨衣和羽絨被；新幾內亞的天堂鳥，用各式各樣華麗的羽毛，向母鳥求偶展示。而跟周遭環境融合的羽色跟紋路，也有躲避天敵和隱蔽自己的功能。此外，羽毛的色澤也會反應鳥類的健康狀況。光是一隻鳥身上的羽毛就有各種形態，可以分成 6 種主要的類型：

1. 廓羽 / 正羽 contour feather
形成鳥類外觀的主要羽毛，有明顯的羽幹，通常左右對稱，基部的軟毛具有保暖功能。

2. 飛行羽 flight feather
用於飛行的重要羽毛，通常不對稱，包含飛羽和尾羽，又分成初級飛羽和次級飛羽等。

3. 絨羽 down feather
由許多軟毛附著，沒有明顯的羽幹，保暖是最主要的功能。

4. 半羽 semiplume
有明顯的羽幹，但羽枝不像廓羽般緊密紮實。

5. 纖羽 filoplume
細長且末端有少數軟毛的羽毛，主要的功能是感覺周遭物體和空氣變化。

6. 剛毛 bristle
可以說是只有羽幹的羽毛，通常在嘴喙周圍，有助於感覺周遭變化（就像貓和老鼠的鬍鬚）和捕食飛蟲。

臺灣夜鷹的羽毛們

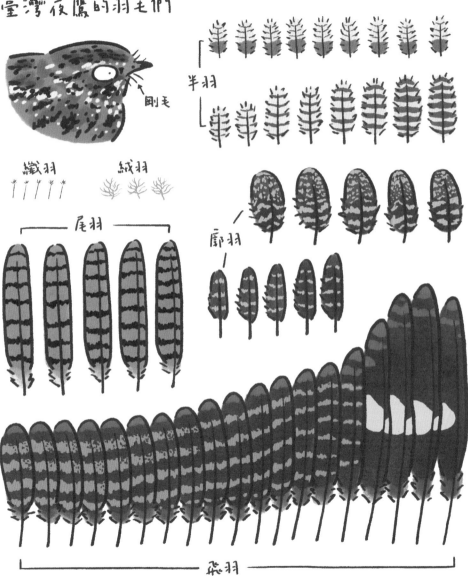

剛毛

半羽

纖羽　　絨羽

尾羽

廓羽

飛羽

善於偽裝的鳥兒們

栗小鷺伸長脖子
躲在草叢

臺灣夜鷹有
超好的保護色

雪地裡的岩雷鳥

小環頸鴴的黑色帶狀紋
能破壞輪廓

普通林鴟
假裝自己是樹幹

鴴科的蛋和幼鳥
和環境融為一體

東方環頸鴴
幼鳥

太平洋金斑鴴
幼鳥

東美鳴角鴞
根本就是樹幹

鳥類的無痕隱形術

為了隱藏蹤跡，讓自己不容易被發現，也可以降低被吃掉的風險，有些鳥類的羽毛或蛋的紋路跟背景環境融為一體，稱為「偽裝」（camouflage）。

像是常常停棲在地面的夜鷹、雪地裡的岩雷鳥、樹幹上的貓頭鷹、林鴟，都很擅長這招就地隱形術，如果再加上動作配合效果會更好。例如在草叢中伸長脖子、嘴喙抬高高的栗小鷺，風吹來還會輕輕跟著草叢擺動。

另外，許多鴉科鳥類頸部有黑色帶狀條紋，也有破壞整隻鳥輪廓的視覺效果，牠們直接產在地上孵的蛋，還有幼鳥的羽毛，顏色紋路也跟周遭環境相似。

想要完美融入背景環境，前提是挑對隱藏的地點，即使是相同鳥種，每隻鳥的羽毛或蛋的紋路仍然有差異。研究發現，許多夜鷹或鴉科鳥類，會依據自己羽色或蛋殼紋路挑選適合的隱藏地點，就算是同一種夜鷹，不同個體挑選的位置也有些微差異。看來我們覺得差不多的礫石砂土地，在夜鷹的眼裡可是有大大的不同呢[9]！

躲哪邊好呢？

許多水鳥1年
換2次羽毛

鷸鷸冬天是
灰灰的非繁殖羽

麻雀換羽外觀
則沒有明顯差別

到了夏天變
漂亮的繁殖羽

你哪位？

羽毛的汰舊換新

羽毛每天受到風吹日曬雨淋，一段時間之後多少都會褪色、磨損，尤其是羽毛的尖端及邊緣最容易受損。為了讓羽毛保持在最佳狀態，小鳥會換羽，讓各部位羽毛汰舊換新。

不同鳥種換羽模式也不太一樣，許多水鳥通常一年換兩次羽毛，繁殖季開始前換上鮮豔的求偶羽衣，繁殖季結束準備度冬，又換成灰撲撲的羽衣，跟棲息環境較能融合。不過，也有像麻雀這樣，一整年 365 天看起來都一模一樣的鳥種，牠們的羽衣在繁殖季跟非繁殖季並沒有明顯的差別。

由於長出新羽毛需要消耗許多能量，換羽衣通常會避開又忙又累的繁殖季和遷徙季。而剛離巢的新生幼鳥們，羽衣顏色通常比成鳥黯淡，在性成熟之前，得經歷一到多次的換羽，才能從菜鳥樣逐漸蛻變為成鳥，不同鳥種所需時間不太一樣，如大型猛禽白頭海鵰，大概得花上 5 年左右呢！

白頭海鵰從菜鳥蛻變為成鳥

1 歲　　　　3 歲　　　　5 歲

鳥類的骨骼
有許多特化的構造

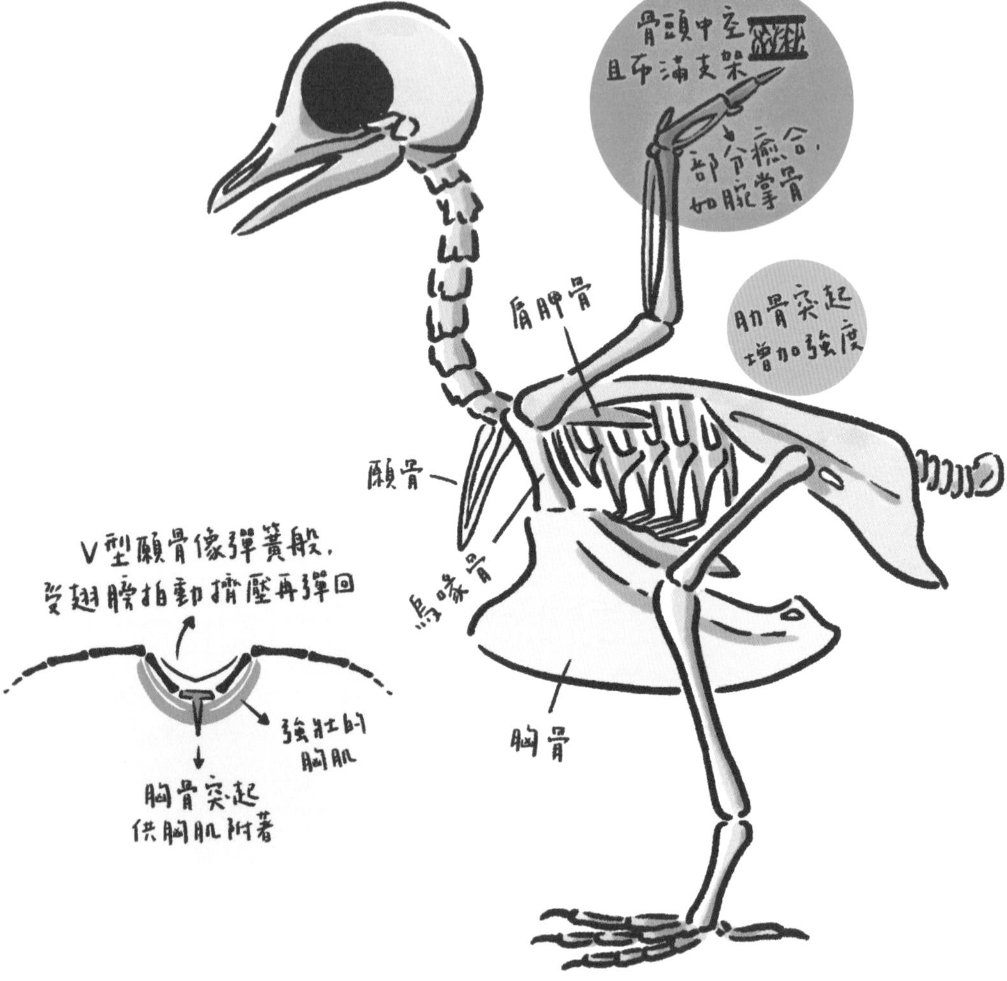

骨頭中空
且布滿支架

部分癒合，
如腕掌骨

肋骨突起
增加強度

肩胛骨

V型鎖骨像彈簧般，
受翅膀拍動擠壓再彈回

顱骨

烏喙骨

強壯的
胸肌

胸骨突起
供胸肌附著

胸骨

精密的骨骼

鳥類的骨頭中空且布滿支架，能維持飛行所需的強度，也能減輕體重。但是，不會飛行的小鳥，如企鵝，就沒有中空的骨頭。不僅如此，鳥類有些骨頭是由許多小骨癒合而成，例如雞翅最末端沒什麼肉的那一段，就是由腕骨（carpal）和掌骨（metacarpal）兩塊骨頭，癒合形成一塊「腕掌骨」（carpometacarpus），能省去不少軟骨和韌帶，既能減輕體重，也能維持強度。鳥類的肋骨之間，也有「鉤狀突起」（uncinate process）將肋骨連結，提高整個肋骨的強度與韌性。

「雞肋雞肋，食之無味，棄之可惜」，雞肋對曹操來說或許可有可無，但這可是鳥類的重要器官。而骨骼內還有從肺部延伸的氣囊，能儲存空氣、輔助呼吸，讓肺部在吸氣、吐氣時都能有新空氣通過，提升心肺循環效率。

想要飛起來，「拍翅膀」是必要動作，而最核心的骨骼便是鳥類的「胸帶」——由肩胛骨（scapula）、願骨（furcula，或稱叉骨）和烏喙骨（coracoid）所組成，再加上具有龍骨突（keel, carina）、胸骨（sternum）——鳥類飛行所需的核心肌肉就附在這組骨架上。

不會飛的鳥類，例如鷸鴕，這組骨架就不太發達；而飛行技巧高超的劍喙蜂鳥，牠的胸骨佔身體比例是鳥類中最高的。下回吃全雞的時候，不妨好好觀察這些骨骼與肌肉的形狀與位置。

不會飛的鷸鴕 vs 飛行技巧高超的劍喙蜂鳥

胸骨平坦→ 突起→

視覺之視野

大部分的鳥在覓食、飛行、求偶、逃命時都需要仰賴視覺，牠們的眼球通常很大一顆，如鴕鳥的單顆眼球就比人類大上 2 倍，而且比牠的腦還來得大[10]！圓圓的大眼讓牠們有寬廣的視野及清晰的影像。

鳥類的眼睛大部分位於頭部兩側，雖然視野範圍廣有利於察覺掠食者，不過單眼的視覺效果比較難判斷距離，加上鳥類的眼球能轉動的範圍很有限，不像人類的眼球可以轉來轉去，幸好牠們擁有靈活的脖子，可以彌補這個缺點。例如，貓頭鷹有時透過頭部左右擺動，有助於單眼視覺從不同角度判斷距離；而鴿子在走路時會先穩定頭部，身體往前移動時保持頭部不動，讓視野更穩定、看得更清楚；澤鵟和貓頭鷹等猛禽的眼睛和人類一樣在頭部前方，雙眼視野重疊較多，產生的立體視覺有利於判斷獵物的距離和位置；美洲山鷸甚至有 360 度的視野，連正後方也看得到[11]！

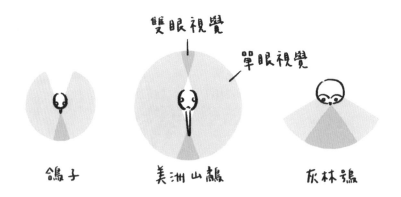

雙眼視覺

單眼視覺

鴿子　　　美洲山鷸　　　灰林鴞

3種不同的視野範圍

我看到你了!

我看不到你了

我還是看得到你喔!

我的頭可以轉270度!

視覺之那些藏在紫外線裡的訊息

你可能覺得有些小鳥長得都一樣，不過在牠們眼中，其實男女有別呢！

差別在於，鳥類的眼睛可以看到紫外線（ Ultraviolet, UV ），而人類看不到。人類眼球內的視覺錐狀細胞能看見可見光，而鳥類還能看到紫外線！

紫外線視覺讓牠們看到的世界跟我們不一樣。在金門繁殖的栗喉蜂虎，是公母鳥羽色相同的小鳥，人類無法只憑肉眼分辨牠們的性別。但是，在鳥類的紫外線眼裡，公鳥和母鳥的外觀截然不同[12]！

草原田鼠跟狗一樣會用尿液來四處標記領域，紅隼便利用尿痕反射的紫外線來尋找牠們的蹤跡[13]；托卵寄生時，親生的蛋和其他鳥的蛋，在紫外線視覺下長得不一樣，能幫助親鳥判斷要不要把外來蛋踢掉[14]。

此外，紫外線視覺還可以評估幼鳥的生長狀況。體重較重的歐洲椋鳥幼鳥，反射的紫外線比較強，如果繁殖季已經快結束了，親鳥會傾向先餵飽紫外線反射較強的小孩，畢竟這時候強壯的小孩比較值得投資[15, 16]。

講了這麼多，是不是覺得紫外線視覺好像蠻好用的？可惜人類並沒有這項技能！

我們看得到喔～

公母鳥羽毛UV反射不同

噢！有帥哥！

她好可愛呦♥

栗喉蜂虎

田鼠的尿痕會反射UV

這附近有田鼠！

紅隼

有些寄生蛋的UV反射程度和宿主的不同

嗯???
好像有顆怪怪的

蘆葦鶯

幼鳥的健康狀況不同，UV反射程度也會不同

換我吃了啦！

餵哪隻好呢？

歐洲椋鳥

41

隱藏的耳朵

→ 只是羽毛

耳朵在這

構造的差異

鳥類

人類

聽骨

耳蝸

耳蝸內毛細胞定期更換，不會重聽

不對稱耳孔

有些貓頭鷹耳孔不對稱，有助於判斷聲音來源

HOO
HOO
HOO

長耳鴞
的鳴聲

訊息媒介的聽覺

聲音是鳥類傳遞訊息的重要媒介，小鳥不僅很會鳴唱，也很會聽聲音。雖然不同鳥種的聽力範圍多少有差異，但大部分鳥類最敏感的頻率範圍，約在 1,000 赫茲至 5,000 赫茲之間，和人類差不多，不過鳥類對音調節奏的辨別能力比人類好。

但是，我們似乎不太容易注意到小鳥的「耳朵」，這是因為鳥類和我們不一樣，沒有明顯的「外耳殼」。鳥類的耳朵，是在眼睛後方的小洞，比眼睛的位置稍微低一點，稱為「耳孔」，通常被羽毛覆蓋住。有些看起來有「耳朵」的貓頭鷹，例如長耳鴞，頭上看起來像耳朵的部位是稱為「角羽」的羽毛，並不是真正的外耳殼。

此外，鳥類的耳朵內部也和人類大不相同。人類的耳蝸是螺旋狀，而鳥類卻是直的或微彎。一般來說，鳴唱聲越複雜的鳥類，耳蝸就越長，能處理比較複雜的聲音，例如歐亞鴝的耳蝸就比雞還要長上許多。鳥類能定期更換耳蝸內重要的感覺受器「毛細胞」，但是人類卻無法更換，一旦毛細胞受損，就是永久的聽力受損。因此，人類的聽力隨著年紀增長，會逐漸聽不到高頻的聲音。

除了接收外界訊息，判斷聲音從哪裡來也很重要，特別是仰賴聽力來獵食的貓頭鷹，耳孔的位置一高一低，並不對稱，這樣的位置差異有助於準確判斷聲音的來源。另外，夜行性的油鴟能發出高頻的聲音進行回聲定位，判斷與障礙物的距離，就像蝙蝠一樣，在暗不見光的洞穴中飛行也不會撞牆[17]。

油鴟用聲波
回聲定位

戳！戳！戳！

嘴尖佈滿
感覺受器

紅腹濱鷸利用
觸覺尋找藏在
泥地裡的食物

感受變化的觸覺

鳥類的全身都有感覺器官，例如皮膚、舌頭、雙腳和鳥喙等，其中又以鳥喙的觸覺最引人注目。

鳥喙不只是一塊「各種形狀的骨頭」而已，在水中、土中或泥灘地裡覓食的鳥類，例如紅腹濱鷸等鷸類、雁鴨、鷗類和鷸鴕，在嘴喙尖端的小洞裡，藏著非常多的感覺受器，就像人類的手指一樣。鳥喙末端對於觸覺非常敏感，有些鳥喙上每平方公釐的範圍內，就有數百個感覺受器，可以感受到泥地裡泥土、空氣、水的壓力變化 [18, 19]。

換句話說，當有生物在土中移動時，這些小鳥就能透過鳥喙感覺出來，提高覓食效率。由於人類太依賴視覺了，很難想像這樣的技能，這就好像是用鳥喙在溼地的泥巴裡「看看」有什麼好吃的玩意。

鳥類的羽毛也有助於感覺，有些鳥喙周圍有許多又細又長的「嘴鬚」，例如夜鷹、五色鳥和油鴟。嘴鬚是特化的廓羽，在基部有密集的神經，功能就像貓或老鼠的鬍鬚一樣，負責感覺周圍複雜的環境變化 [20]。

負責感覺環境變化的鬍鬚

那個可以
吃嗎？

!!!

噗!超難吃

可怕的蟲...

感知味道的味覺

小鳥可以感覺食物「好不好吃」嗎？當然可以，只是沒有那麼敏感。鳥類和我們人類一樣有化學物質的受器「味蕾」，通常是 300 個左右，人類大約是 1 萬個，但鳥類的味蕾不是長在舌頭上，而是在鳥喙內部，或是在口腔深處。

一般來說，味覺是保護自己的重要功能，不只是要判斷口中的食物「好不好吃」，更是要判斷「能不能吃」，遇到可能危害健康的食物，就要趕緊吐出來，否則吞下肚就來不及了。因此，當小鳥把某些「難吃」的昆蟲或果實吐出來，就是在保護自己。這和我們吃到過度刺激的食物一樣（例如太辣、太鹹或太甜），都會讓你有種想要馬上吐出來的衝動。

有趣的是，有些小鳥還真的會瞬間就把食物吞下去了，這樣一來，吃到危險的食物怎麼辦？也許，鳥類的味覺反應很快，或是食物入口前就先好好判斷能不能吃，而先觀察同伴的反應也是方法之一。

例如，大山雀看到同伴吃下某個食物覺得難吃而吐掉、甩頭等踩到雷的反應後，有 32% 的大山雀會學習到那個食物似乎不太妙，而選擇吃別的食物。這樣的學習行為除了保護自己，也可能影響同伴的覓食行為[21]。

希望牠們
識相一點！

跟著氣味走

紅頭美洲鷲能聞到
遠處的屍體

飄泊信天翁從
20公里外就可以聞到食物

藍鸌能在晚上聞出
巢洞的位置

鷸鴕能聞到
地表下3公分的蚯蚓

辨別氣味的嗅覺

要填飽肚子，除了利用眼睛尋找獵物、仔細聽出獵物的動靜，有一些鳥類擁有敏銳的嗅覺，是用聞的方式找食物！

如紐西蘭的國鳥鷸鴕，因為無法飛行、視力也不好，夜行性的牠們靠鳥喙前端的鼻孔在土壤和落葉間嗅聞蟲的氣味，地表下 3 公分的蚯蚓也聞得到 [22]；吃屍體的紅頭美洲鷲，即使在天上飛也能聞到森林裡被落葉覆蓋的腐肉；一些嗅覺沒那麼敏銳的黑美洲鷲等鳥類還會尾隨紅頭美洲鷲去找食物 [23]。另外，海燕、信天翁等海鳥，在汪洋大海上也是依靠敏銳的嗅覺尋找食物，漂泊信天翁甚至從 20 公里外就可以聞到氣味 [24]。

而藍鸌即使在一片漆黑的環境下，也可以透過氣味找到自己位於海邊的地下巢洞，甚至還能分辨出自己蛋的氣味 [25]。這些嗅覺敏銳的鳥種，位於前腦裡負責感知嗅覺的嗅球也比一般鳥類大得多！

不只如此，鳥類整理羽毛時，會用尾羽基部尾脂腺分泌的油脂塗抹全身羽毛。尾脂腺中有各種細菌，產生不同的氣味混合後形成自己的氣味，如果菌相改變，油脂塗抹到羽毛後，身上的氣味也將跟著改變，甚至會影響配偶的選擇 [26]。

我喜歡你（的味道）！

灰藍燈草鵐

好熱怎麼辦?

1. 躲起來

2. 洗澡沖涼

3. 喘氣、震動喉嚨、蒸發水分

我們沒有汗腺，也沒有冷氣!

4. 在腳上大便

啊～

5. 嘴喙增加血液流速散熱

你的嘴巴不要對著我好嗎?

50

冷熱的體溫調節

鳥類和我們一樣是恆溫動物，能夠維持體溫的恆定。鳥類的代謝速度快，體溫通常比哺乳動物高一些，約在 39℃ 至 43℃ 之間。

隨著環境溫度變化，需要調節體溫以維持穩定的生理功能。當天氣炎熱使體溫升高時，人類可以流汗散熱，但是小鳥沒有汗腺，熱到快融化也流不出汗。不過，牠們有其他方法──像是太熱的時候躲起來減少活動，洗澡沖涼，喘氣、震動喉嚨促進體內水分蒸發，沒有羽毛覆蓋的裸露部位（如腳或鳥喙）也可以散熱。比較特別的例子是，林鸌會把排泄物拉在腳上吸熱[27]；而大巨嘴鳥超大的嘴喙裡有大量的血管，體溫過高時會增加血液流速幫助散熱[28]。

好冷的時候怎麼辦？把羽毛膨起來可以在羽毛空隙間保留更多空氣來保暖，這也是為什麼有些小鳥冬天看起來比較胖；而把沒有羽毛覆蓋的腳及鳥喙藏起來也可以減少體溫流失，許多鳥睡覺時就是這種姿勢。此外，多補充食物、增加熱量，躲在樹葉間或樹洞內增加遮蔽也會比較溫暖。一些小型鳥類如綠繡眼、長尾山雀，晚上會擠在一起睡覺取暖；在天寒地凍的南極，數百隻皇帝企鵝擠成一坨取暖，溫度甚至可能達到 37.5℃[29]。

我也要取暖!!!

鳥類可一點都不笨！

敢欺負我?!
我記住你了!!!

美洲短嘴鴉記得
欺負牠的人的長相

哇～
我怎麼這麼帥

歐亞喜鵲認得
鏡中的自己

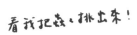

看我把蟲。挑出來！

新喀里多尼亞鴉
會使用工具

你好

Hello。

非洲灰鸚鵡
學習人類說話

調皮的
葵花鳳頭鸚鵡

鳥類的智能

鳥類的腦雖然小，卻能表現出許多複雜的認知行為，一直是科學家深感興趣的對象。

例如美洲短嘴鴉能辨識人臉，會記得傷害過牠的人。研究人員配戴特定的面具，並故意騷擾烏鴉，一段時日之後，發現沒有配戴面具的人都不會被攻擊，但是，任何人配戴面具都很容易受到烏鴉的攻擊 [30]。

歐亞喜鵲能認出在鏡中的自己。科學家在動物的臉上做記號，當牠照鏡子時，如果會摸自己的臉，表示通過鏡像測試、知道鏡子中的影像是「自己」。目前只有少數動物能通過鏡像測試，除了喜鵲之外，其他都是哺乳類 [31]。

新喀里多尼亞鴉會使用工具來獲得食物，例如拔除樹枝上多餘的枝葉，再戳進樹幹縫隙間挑出小蟲。許多小型鳴禽能夠學習鳴唱技巧，或是鸚鵡可以學習人類說話。

研究發現，這些可能和鳥類腦中有大量的神經元有關，葵花鳳頭鸚鵡跟非洲的嬰猴腦部重量都差不多是 10 克，但葵花鳳頭鸚鵡腦中神經元數量是嬰猴的 2 倍。此外，烏鴉跟鸚鵡前腦的神經元密度也比較高，這些神經元緊密連結，處理訊息的能力也較強大，可能也影響了鳥類在智能行為上的表現 [32]。

腦部神經元數量是嬰猴的 2 倍

姿勢詭異的栗喉蜂虎們

其實正在做日光浴高溫殺菌！

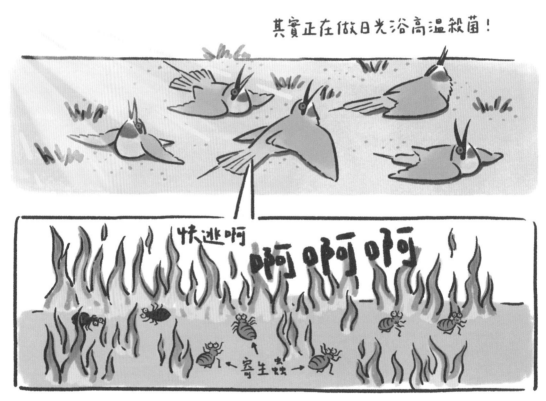

快逃啊

啊啊啊啊

←寄生蟲→

去污除蟲清潔術

鳥類不一定天天洗澡，但每天一定會花時間整理羽毛。羽毛有許多細微的分支稱為「羽枝」，羽枝再分支稱為「羽小枝」，互相鉤住緊密排列，保持羽毛完整。如果身上髒兮兮或放任寄生蟲啃羽毛、開 party，都會影響羽毛的結構而干擾飛行。

為了讓羽毛保持在最佳狀態，有時會看到小鳥在淺淺的水灘抖動身體洗澡，或在沙堆裡打滾，利用沙子吸附油脂及帶走寄生蟲，還會在日頭赤炎炎的時候張開翅膀做日光浴，除了高溫殺菌還可以促進血液循環！

有些鳥則會趴臥在蟻窩上，任由螞蟻在牠們身上亂爬，或是把螞蟻啣起來在身上摩擦，利用螞蟻的蟻酸來抑制寄生蟲。當羽毛清理完成後，鳥類的尾巴有分泌油脂的尾脂腺，用鳥喙沾上油脂幫羽毛上油，潤澤羽毛同時也可以防潑水，並讓羽枝重新排列整齊！

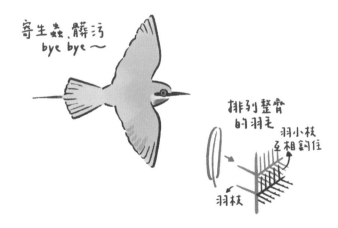

寄生蟲、髒污
bye bye～

排列整齊
的羽毛

羽小枝
互相鉤住

羽枝

太陽下山囉！

普通雨燕可以
邊飛邊睡

許多小型鳥蹲在
樹上睡覺

鴨子睡覺時可以
睜開一側眼睛
注意天敵

56

半睡半醒的睡眠

跟大部分的動物一樣，鳥類也需要睡眠。厲害的是，牠們可以半睡半醒，讓一側的腦半球休息，另一側的腦半球仍然保持運作！

鴨子在睡覺時，可以睜著一隻眼睛注意天敵；軍艦鳥也可以讓一側腦半球保持清醒、另一側腦半球休息打盹，在海上連續飛 2 個月不落地 [33]；普通雨燕甚至可以在天上飛行超過 10 個月，不只睡覺，連吃喝拉撒還有交配都可以邊飛邊完成 [34]。

有些鳥類在夜晚睡覺時，因為無法覓食且環境溫度降低，會進入類似冬眠的省電模式，稱為「蟄伏」（torpor），透過降低體溫及代謝速度，減緩能量的需求及消耗。例如蜂鳥的體溫從白天約 40℃，到夜晚「蟄伏」狀態時可以降至 20℃；心跳則從每分鐘超過 1,000 次，降到 48 至 180 次。進入「蟄伏」狀態的蜂鳥，早上醒來後也需要比較多時間暖機 [35]。

哇！牠睡相好差

02

覓食與食性

鳥類沒有牙齒，吞下的
食物經由食道至嗉囊暫存

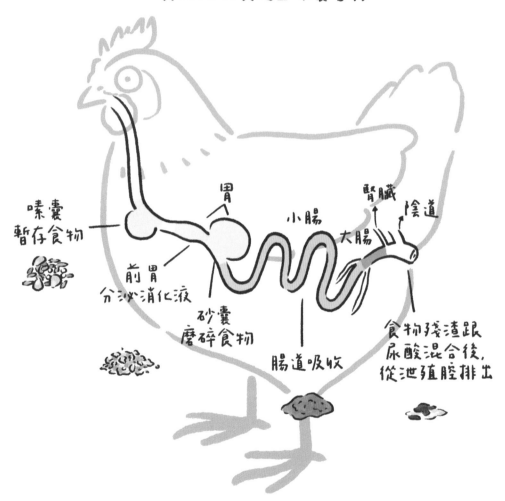

嗉囊
暫存食物

胃

小腸

腎臟

陰道

大腸

前胃
分泌消化液

砂囊
磨碎食物

腸道吸收

食物殘渣跟
尿酸混合後，
從泄殖腔排出

鳥類的消化系統

全世界有 1 萬多種鳥，分布在各種海拔、棲地，不同的生存環境也讓鳥類演化出各式各樣的生活方式及覓食行為，攝取的食物種類也五花八門，像是種子、果實、花蜜、昆蟲、節肢動物、小型動物、魚等。

不過鳥類沒有牙齒可以咀嚼，大口吞下的食物通常不會在口中停留太久，就經由食道抵達「嗉囊」（crop），能暫時保存食物並且讓食物變軟。有些鷗類的食道或嗉囊可以暫存一整條魚；雀類則是能暫存種子；鳩鴿、紅鸛和某些企鵝會從嗉囊吐出食物和消化液的混合物來餵食雛鳥，也就是「鴿乳」（crop milk）。

隨後，食物前往鳥類的「胃」，分為「前胃」（proventriculus）和「砂囊」（gizzard）兩部分。「前胃」具有胃腺，能分泌胃蛋白酶（pepsin）和鹽酸等消化液，來分解食物中的蛋白質；而「砂囊」有強壯的胃壁，也有鳥類吞下的碎石能幫助磨碎食物。以種子為食的鳥類，砂囊特別發達。「雞胗」就是雞的砂囊，強壯的胃壁讓雞胗有紮實的口感。而吃腐屍的兀鷲，胃酸有很強的腐蝕性，能破壞腐肉裡的毒素、細菌。

最後，食物進到腸道吸收，相較於哺乳動物，鳥類的腸道比較短，吸收也比較有效率，這都有助於飛行所需的耗能與減重。也因此，鳥類代謝較快，食物一下子就消化吸收了，這也是為什麼牠們得一直找東西吃。

又餓了！

麝雉在嗉囊消化大量樹葉，
發酵的氣味讓牠聞起來臭臭的！

你有聞到
一股怪味嗎？

麝雉的葉子大餐

你可能看過小鳥吃蟲、吃果實，但應該很少看到牠們吃樹葉。對大部分的鳥來說，相較於果實或種子，樹葉的營養價值較低、體積大且不易消化，並不是很好的食物。不過在南美洲亞馬遜，有一種長得像始祖鳥的麝雉，卻以樹葉為主食（大約占 85%）。牠們全長約 65 公分，屬於中大型鳥類，活動並不靈活，常常在枝頭笨拙的移動。

為了消化大量的樹葉，麝雉有著異於常鳥的消化系統，吃下肚的樹葉還沒抵達胃，在嗉囊裡就由細菌和酵素發酵分解，跟牛的瘤胃功能差不多。發達的嗉囊和下食道，體積比一般鳥類來得大，而前胃和砂囊發揮不了作用，就演變得比較小。不過嗉囊裡的樹葉經過發酵，散發出不怎麼好聞的氣味，讓麝雉聞起來臭臭的。而麝雉也是目前所知唯一在嗉囊就進行消化的鳥類。

不過胸腔的空間有限，較大的嗉囊跟下食道也讓麝雉的胸骨演變得比較小，飛行的肌肉

能附著面積小，飛行能力也比較差。而麝雉幼鳥的雙翅前緣有「爪子」，有助於還不會飛的幼鳥攀爬。

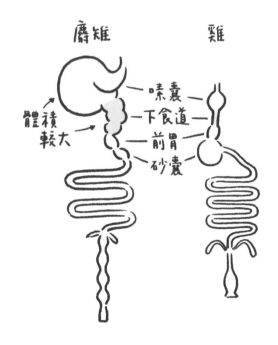

隨著農業發展，稻穀越來越大顆，
家麻雀的嘴喙和顱骨也變得更大更強壯

過去　　　　　現在　　　　　未來

稻穀與鳥喙

像麻雀這類以種子為主食的小鳥，通常具有強壯堅固的鳥喙，才有辦法咬開厚厚的外殼，或咬碎堅硬的種子；而這類小鳥的嘴喙，一直都是探討生物演化的好材料。例如達爾文及演化生物學家葛藍特夫婦，發現加拉巴哥群島上十幾種親緣關係接近的雀類，嘴喙各有差異，牠們取食不同的食物資源以減緩競爭，而這些雀類是由同一種鳥演化而來。

另一個例子是家麻雀，這種小鳥從一萬年前中亞農業起源時就與人類生存在一起，數千年來隨著人類及農業的發展，擴張到歐亞各地。其中一個亞種 *P. d. bactrianus* 分布於中亞，維持古老的生活史特徵，棲息於原生草地及溼地，只取食野草的種子。

隨著農業的發展，稻穀的顆粒越來越大顆且飽滿，研究人員認為家麻雀的鳥喙和顱骨應該會變得更大更強壯，才有辦法吃這些人類種出來的穀粒。於是他們在伊朗量了五個家麻雀亞種 (包含 *P. d. bactrianus*) 的顱骨和鳥喙，發現與人類共存的亞種，鳥喙和顱骨確實比 *P. d. bactrianus* 來得大且強壯。

研究結果顯示，人類的農業發展，牽引了鳥類的演化 [36]。

哇嗚～
這看起來好厲害

北美星鴉會到處儲藏食物
供冬天食用

北美星鴉的豐富儲藏

每年當季節或氣候變換，總有些時候食物資源比較不充足，特別是天寒地凍的冬天。為了在這種艱困的時期也有得吃，松鼠會把堅果儲藏起來，有些鳥也會把食物儲存在安全的地方，供之後食用。

北美星鴉總忙著穿梭在樹林間尋找松果，用牠又尖又硬的嘴喙挑出松子、塞滿舌頭下面的囊袋，接著把這些松子分散埋在各地，儲藏地跟蒐集地最遠可以隔 30 幾公里。整個夏天下來，北美星鴉蒐集了上萬顆松子，藏在 5 千多個不同的地方。

儲藏地點除了要隱蔽以避免小偷，還得記得 5 千多個儲藏地點，這可不是件容易的事。北美星鴉會利用附近的幾個標誌物來記住儲藏的位置，例如「在這棵大樹下面的大石頭旁邊」，就算之後被落葉、白雪覆蓋，牠們還是記得大部分的種子藏在哪裡，並馬上挖出來！

而那些被遺忘或沒被吃掉的松子就在異地萌芽、長成大樹。北美星鴉在填飽自己肚子的同時，也幫忙把白皮松散播到其他地點，是重要的種子傳播者[37]！

沒被挖出來的松子

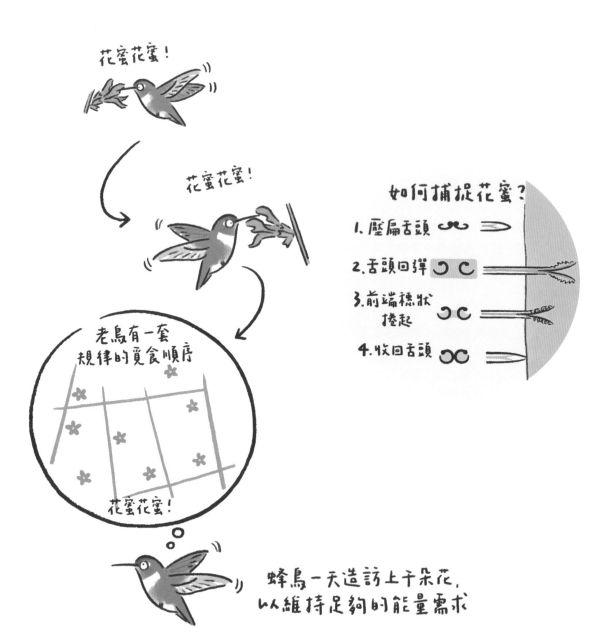

花蜜花蜜！

花蜜花蜜！

如何捕捉花蜜？

1. 壓扁舌頭

2. 舌頭回彈

3. 前端穗狀 捲起

4. 收回舌頭

老鳥有一套 規律的覓食順序

花蜜花蜜！

蜂鳥一天造訪上千朵花， 以維持足夠的能量需求

蜂鳥採蜜嗡嗡嗡

蜂鳥每天在花叢間穿梭，可以快速拍打翅膀，前進、後退、甚至讓自己懸停在半空中。例如世界最小的鳥類、平均體重只有 2 克的吸蜜蜂鳥，每秒翅膀振動可高達 80 次，吸食花蜜同時也耗費了許多能量。為了應付大量的能量需求，吸蜜蜂鳥每天造訪的花超過 1,500 朵，以維持足夠的體力。蜂鳥有很長的舌頭來汲取花蜜，伸出的舌頭經過鳥喙壓扁，伸進花蜜後隨著舌頭回彈、前端的穗狀舌頭捲起，就能快速將花蜜帶進舌頭左右的兩條溝槽中 [38, 39]。

這次覓食完後，得等到花朵的蜜腺重新分泌補充。由於不同種類的植物，補充花蜜所需的時間不同，為了避免抵達的時候花蜜還沒補充完、白跑一趟，有些經驗老道的棕煌蜂鳥知道哪裡的花蜜需要多少時間重新分泌，進而建立一套規律的覓食順序 [40]。

這樣不僅不會浪費時間和體力，而且還能視狀況調整採蜜的路線跟頻率，如果這次抵達時花蜜已經被吸光，紫喉加利蜂鳥母鳥下次還會提早到呢 [41]！

提早到究得
花蜜又被吸光！

栗翅鷹會合作狩獵，
成員互相分工

等一下兵分兩路！
1隻在樹叢外把兔子嚇出來，
2隻在另一側守著，我負責盯住兔子

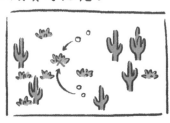

牠自己每次
都排最輕鬆的！

蛤…
又要衝樹叢喔…

分工合作的栗翅鷹

猛禽是指一群獵食其他動物的鳥類，屬於食物鏈頂端的掠食者。牠們有著絕佳的視覺或聽覺，日行性猛禽常利用上升氣流在天空盤旋，或是停在視野開闊的樹頂搜索獵物的動靜，鎖定目標後再俯衝接近，用鋒利的腳爪捕捉、帶鉤的嘴喙撕碎獵物。

大部分的猛禽領域性很強，除了繁殖季或是遷徙季，平常大都獨來獨往。不過很有合作精神的栗翅鷹會成群獵食，2 至 6 隻成員互相分工合作，有人負責搜尋獵物、有人俯衝捕捉；萬一獵物躲進樹叢裡，也有人負責把躲進樹叢裡的獵物嚇出來，再由其他守候的成員快狠準擊殺，得手後再一起分享食物 [42]。

比起單打獨鬥，這種獵食模式更有利於制伏大型獵物，在可躲藏的遮蔽物較多的環境，也能增加抓到獵物的機會，這可能是牠們因應食物資源有限的沙漠環境而發展出來的行為。

此外，栗翅鷹還會 2 至 3 隻站在其他成員的背上疊疊樂，不知道是站高一點有比較好的視野呢？還是大家都喜歡這個位置？

還沒！

有看到兔子嗎？

那邊
有聲音！

倉鴞有敏銳
的聽力

遇上滿月時，
潔白的羽毛能反射月光，
讓獵物呆住！

梳子狀的羽毛邊緣，
讓飛行幾乎靜音！

這是什麼光?!

紫外光也救不了牠！

倉鴞的無聲狩獵

夜行性的猛禽有很敏銳的聽力，例如倉鴞又扁又平的臉像雷達一樣，可以蒐集來自四面八方的細微聲音；再加上左右兩耳的位置一高一低不對稱，如果聲音來自左側，左耳會先接收到聲波，而來自下方的聲音，位置較低的耳朵則會覺得比較響亮，藉由接收聲音的時間差可以精準判斷獵物的位置 [43]。

就像有個十字瞄準線一樣，不斷調整確定方位，然後「咻——」的飛出去，啊！其實連咻的聲音都沒有，貓頭鷹梳子狀的羽毛邊緣，能減少飛行時氣流通過翅膀產生的噪音，加上身上還有柔軟的羽毛覆蓋，吸收其餘的噪音，幾乎靜音的飛行讓獵物難以察覺，然後獵物就死掉了！

如果遇上滿月，倉鴞潔白的羽毛還可以用來反射月光，讓田鼠等獵物呆住，停留在原地更久，讓倉鴞有更多的時間捕捉獵物 [44]。而肉食性鳥類吃下獵物之後，無法消化的骨頭、羽毛、毛、外殼，會在砂囊裡形成「食繭」（pellet）再吐出來。

無法消化的骨頭、毛，
形成食繭吐出來

棕背伯勞從小開始
練習食物插刺技能

菜菜鳥

菜鳥

兵砰兵砰！
技能get！

伯勞的獨門插刺技

伯勞的獵食行為跟猛禽類似，牠們常停在視線比較開闊的地方物色獵物，昆蟲、蜥蜴、青蛙、老鼠甚至小鳥都是牠的菜單。跟猛禽比起來，伯勞的體型並不大，也不像猛禽有強而有力的腳爪可以幫忙固定肢解獵物，不過牠們有自己的一套獨門技巧，即使獵物跟自己體型差不多大也不是問題！

伯勞會用鳥喙緊咬住獵物的脖子，並開始猛烈甩動，利用強大的力道折斷獵物的脖子，最後再把食物插在尖刺上，就方便一口一口吃了[45]；吃不完的殘骸繼續插著，萬一抓不到食物下一餐還有著落！

插刺技能不是天生的，年幼的伯勞從身邊的小東西開始練習，尖刺的挑選、施力的角度方向等，慢慢累積經驗值；在繁殖季前期，獵物的大小、儲藏能力的展現，也是伯勞母鳥挑選老公的標準！

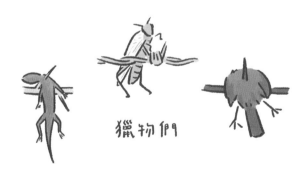

獵物們

蟲~不要跑！

雨燕有高超的飛行技巧

夜鷹有一張大嘴

暗灰喉鴉鶲尾羽
快速開合，露出白斑塊
把蟲驚飛

啊!

灰斑鶲會定點守候，
衝出去抓蟲再飛回
原枝頭等待

啄木鳥的舌頭
又長又黏

舌頭前端
有倒鉤刺

茶腹鳾能在
垂直樹幹上攀爬
找樹皮間的蟲

昆蟲捕捉大隊

俗話說「早起的鳥兒有蟲吃」，蜻蜓、蚱蜢、飛蛾等各式各樣的昆蟲及牠們的幼蟲，含有豐富的蛋白質，是許多鳥類主要的食物來源。

為了捕捉敏捷的昆蟲，雨燕跟燕子有高超的飛行技巧，直接在空中抓飛蟲；夜鷹也會張開大嘴追捕飛蟲；像灰斑鶲等許多鶲科鳥類會站在枝頭上等待，等飛蟲路過衝出去抓，再飛回原本的枝頭；有些鳥類的翅膀或尾羽有白色斑塊，跟周圍的深色羽毛形成強烈對比，透過開、合、開、合再突然露出白色斑塊，能把昆蟲驚飛後再捕捉。研究發現，把暗灰喉鳾鶯尾羽的白色斑塊塗黑後，會降低牠們覓食成功率[46]；而啄木鳥很長的舌頭上有許多黏液，尖端還有倒鉤，可以伸進樹幹縫隙間把蟲蟲勾出來；茶腹鳾是攀爬高手，強而有力的後趾讓牠們可以在樹幹上攀爬、倒吊，尋找躲藏在樹皮縫隙間的蟲。

研究估計蟲食性鳥類每年約可捕食 4 至 5 億噸的節肢動物，而森林中的鳥類就包辦了其中 3 億噸。不僅控制害蟲的數量、避免經濟損失，對於穩定生態平衡也很重要[47]。

蟲蟲很營養喔！

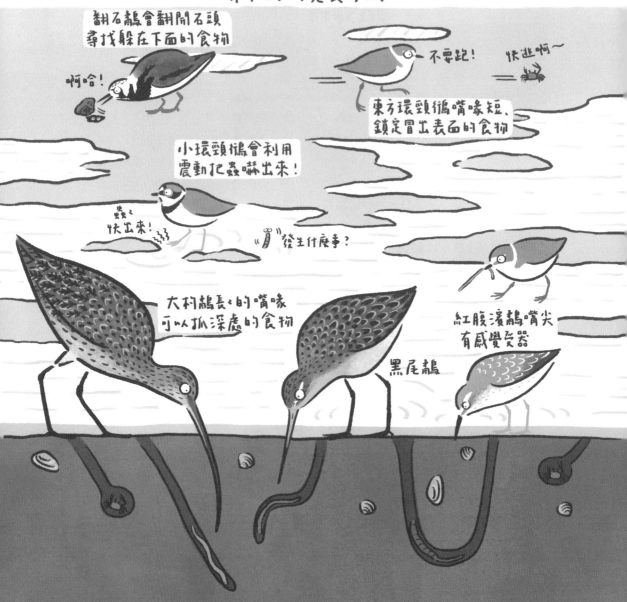

水鳥的差別覓食

怎麼吃到躲在泥灘裡的蟲蟲呢？在潮間帶、溼地生活的水鳥（如杓鷸、濱鷸、鴴類），依鳥喙形狀和長度有各種不同的覓食方法，抓到的獵物種類也有差別，可以減少大家互相搶食物、大打出手的機會！

例如，大杓鷸有長長彎彎的鳥喙，可以抓泥灘深處的獵物來吃；鴴科鳥類的鳥喙短、腳也短，沒辦法到較深的水域，也抓不到躲在灘地深處的獵物，主要用眼睛鎖定冒出土表的獵物，再衝過去啄來吃，不時會用腳快速在灘地上踏地獵食（foot-trembling），利用震動把底棲生物嚇出來[48]！

許多鷸科鳥類主要依靠觸覺，長長的嘴喙尖端有大量的感覺受器，就像一根探測棒東戳戳西戳戳，感受看看有什麼吃的。翻石鷸的招牌動作則是翻開灘地上的石頭，尋找躲在下面的食物。

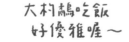

大杓鷸吃飯
好優雅喔～

雁鴨覓食中

水面滑行過濾浮游生物、藻類

鴨子嘴喙
兩側有篩板

群聚繞圈製造漩渦，
把水底生物捲上表層

潛入水中尋找食物

浮游生物捕撈術

濾食性的雁鴨，有著寬寬扁扁的鳥喙，覓食的時候把鳥喙微微張開，利用鳥喙左右兩側的篩板過濾水中的浮游生物和藻類。尤其是琵嘴鴨，牠們的嘴特別長特別寬，可以增加在水面左右掃動的進水量。除了在水面滑行覓食，有時琵嘴鴨們會在水面群聚繞圈，製造漩渦把水底生物捲上表層！雁鴨也會將頭潛入水中尋找食物，例如尖尾鴨覓食時常常只露出水面上的一顆顆屁股。

而大紅鸛也有著特殊的嘴喙，覓食的時候把頭顛倒過來浸入水中，邊走邊利用舌頭不斷把水吸入或擠出口中，加上粗糙的舌頭和嘴喙兩側的篩板，過濾出水中的浮游生物和藻類來吃，而富含胡蘿蔔素的藻類也讓大紅鸛原本灰白的羽毛呈現紅色。

這樣吃得飽嗎？

紅鸛也利用篩板過濾

紅領瓣足鷸大部分時間
都在海上活動

覓食時會轉圈、
把節肢動物集中再捕食

利用水滴的表面張力,
把節肢動物帶入口中

旋轉吧！瓣足鷸

跟其他在泥灘地覓食的水鳥不同，瓣足鷸幾乎終年在海上或鹹水湖活動，捕食水中的小型節肢動物。透過嘴喙的開、合、開、合，能利用水滴的表面張力，將水滴連同水滴中的節肢動物（通常小於 6 公釐）一起「吸入」口中，再將水滴從嘴喙排出，整個過程花不到半秒。

覓食的時候，牠們各自在水面轉圈形成一個個小漩渦，捲起節肢動物集中後再捕食。不過一直轉圈也挺耗能的，所以表層食物量足夠的時候，牠們就不會這樣做。在南美洲，瓣足鷸也會跟在智利紅鸛旁邊，捕食智利紅鸛覓食的時候激起的底層生物，每分鐘抓到食物的次數是自己單獨覓食的 2 倍呢[49]！

又來蹭飯了！

跟在紅鸛旁邊
能捕到更多食物！

魚要怎麼抓？

釣魚
小白鷺會在水面
放誘餌釣魚

地毯式搜索
黑剪嘴鷗張嘴劃過
水面，碰到魚就咬住

撈魚
澳洲鵜鶘有
超大喉囊

俯衝
藍腳鰹鳥利用
重力加速度潛水

潛水
皇帝企鵝可以潛至
水下564公尺深

觀察同伴
歐洲綠鸕鶿會跟著
同伴潛下去看

捕魚高手捕魚去

很多鳥都會吃魚，例如鷺、魚鷹、鸕鶿、翠鳥、秋沙鴨、燕鷗、企鵝、鷗和鵜鶘等等。捕魚來吃可不是一件容易的事，獵物又溼又滑，許多捕魚的鳥都有防滑的構造，像是魚鷹和黃魚鴞的腳爪上都有粗糙的鱗棘，企鵝的舌頭、秋沙鴨的鳥喙都有許多鋸齒，才能抓緊滑溜的魚。加上獵物經過水的折射，實際位置與目測不同，這些捕魚技術都很需要練習與經驗累積，翠鳥和魚鷹都曾有因捕魚技術不佳而溺死的紀錄。

除了像翠鳥在水邊靜靜等候，等魚出現再俯衝去抓；有些鷺科鳥類會在水面放昆蟲或樹枝當誘餌，像釣魚一樣吸引魚來到水面；鵜鶘有超大的喉囊，直接把魚撈起來；黑剪嘴鷗則會在水面一邊低飛，一邊用比較長的下嘴喙劃過水面，碰到魚就咬住；鰹鳥會成群從空中垂直俯衝入海，利用重力加速度，可以潛至水下 30 公尺深；國王企鵝的潛水深度更可以到 535 公尺。

研究也發現，歐洲綠鸕鶿看到附近同伴潛水下去捕魚後，自己也跟著潛下去看看的機率增加了 2 倍，畢竟在同一個水域，觀察同伴並學習牠們的行為，除了增加獲得食物的機會，也節省時間及能量消耗[50]。

許多捕魚的鳥
都有防滑構造

魚鷹的
粗糙腳爪

企鵝的
倒鉤刺舌頭

秋沙鴨
的鋸齒嘴喙

86

食物大盜

你有被野鳥搶過食物的經驗嗎？有些鳥類為了獲得食物，會採取非常手段，像個強盜一樣把其他鳥辛辛苦苦抓來的食物搶走。

例如，南極賊鷗會去追趕其他捕到魚的海鳥，為了在氣候惡劣的南極生存，牠們無時無刻都在覬覦企鵝的蛋或襲擊落單的小企鵝，除了偷跟搶也會自己抓魚，或是吃腐爛的屍體；惡名昭彰的軍艦鳥也有類似行為，像是在空中咬住其他海鳥不放，或是多隻聯手攻擊一隻海鳥，直到牠們把魚交出來，還會趁鰹鳥爸媽餵食幼鳥的時候，衝出來搶走食物[51]。

澳洲的澳洲白䴉和聒噪吸蜜鳥，也會在校園裡搶食學生餐桌上甚至手中的食物。這種行為稱為「盜食寄生」（Kleptoparasitism）。不過，有個研究發現，只要你狠狠盯著這些小偷，牠們就比較不敢隨便出手喔[52]！

狠狠盯著這些小偷，
牠們就比較不敢出手喔！

海鳥與塑膠

海燕、信天翁這類有敏銳嗅覺的海鳥，對一種稱為「二甲基硫醚」（dimethyl sulfide, DMS）的化學物質氣味特別敏感。二甲基硫醚由藻類等海洋浮游植物分解後釋放，我們在海邊聞到的腥味就來自這種化學物質。

當磷蝦等小型甲殼類動物吃藻類的時候，藻類會釋放出二甲基硫醚，而有磷蝦的地方也會吸引許多魚前來捕食，對依靠嗅覺尋找食物的海鳥來說，二甲基硫醚的氣味等於「那邊有吃的！」於是大老遠追蹤這個氣味的散發來源。

不過，藻類也會黏附在塑膠廢棄物上，分解時釋放的二甲基硫醚氣味對海鳥一樣有吸引力，導致這些嗅覺敏銳的海鳥誤食塑膠的機率是其他海鳥的 6 倍 [53]！

03

社交與繁殖

不同功能的鳴叫聲

警戒聲 傳達有掠食者

zee zee zee zee

聯繫聲 同伴間彼此聯繫

ji-ji-ji
ji-ji
ji-ji-ji-ji
ji-ji-ji-ji

乞食聲 我好餓我要吃的

ji-ji-ji
ji-ji-ji
ji-ji-ji-ji

飛鳴聲 飛行時互相呼應

ke-ke-ke
ke-ke-ke

鳥類的鳴叫聲

唧唧唧吐咪酒滴滴滴吱吱吱啾啾啾雞狗乖雞狗乖！

這些各式各樣的鳥鳴，是透過鳥類特有的構造「鳴管」（syrinx）來發聲。鳴管位於氣管跟支氣管的交界，由環狀軟骨、薄膜和肌肉組織組成，隨著氣流通過時震動而發出聲音，並利用肌肉控制薄膜的鬆緊程度改變音調，左右兩側的鳴管更可以獨立發聲。

鳥類的聲音能大致區分成鳴唱（song）和鳴叫（call）兩種類型，本篇提到的「鳴叫」是比較短且單調的叫聲，例如傳達有掠食者的警戒聲（alarm call）、同伴間彼此聯繫的叫聲（contact call）、我好餓我好餓的幼鳥乞食聲（begging call），及候鳥遷徙飛行時保持聯繫、互相呼應的飛鳴聲（flight call）等。

繡眼畫眉
的警戒聲

粉紅鸚嘴
的聯繫聲

家燕的
乞食聲

高蹺鴴的
飛鳴聲

3-1

鳴唱聲有吸引配偶和
宣示領域的功能

氣死你得賠～

灰頭鷦鶯 ♂
鳴唱聲

氣死你得賠～

氣死你得賠～

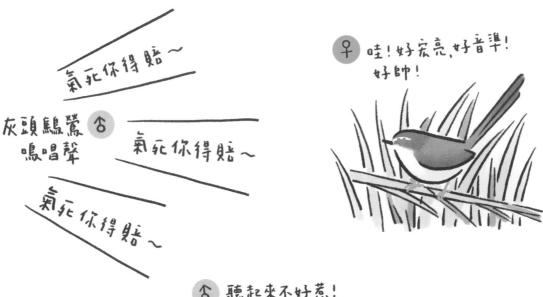

♀ 哇!好宏亮,好音準!
好帥!

♂ 聽起來不好惹!

鳥類的鳴唱聲

鳴唱（song）的音節及變化比較多，有特定的旋律不斷重複，大部分由公鳥鳴唱，繁殖季會特別熱烈。鳴唱聲有 2 個主要功能，除了跟其他的公鳥宣告：「這是我的地盤！不要靠近！」更要讓附近的母鳥知道：「嘿！黃金單身漢在這！」

鳴唱聲的音準、時間長短、複雜程度等，能反應出唱歌這隻鳥的健康狀況，可以用來判斷競爭對手好不好惹、是否適合當老公。

啄木鳥雖然不像其他小鳥那樣善於鳴唱，但他們透過敲樹幹的咚咚聲，也可以達到宣示領域和吸引配偶的功能[54]。

灰頭鷦鶯的鳴唱聲

大赤啄木敲樹幹

黑頂山雀發現停棲的猛禽,會呼喚同伴來合力趕走牠

猛禽的體型大小不同,黑頂山雀的叫法也不同

黑頂山雀的分級警報

鳥類發現掠食者時，會發出短而急促的警戒聲來通知同伴「現在有危險！」而群聚滋擾聲（mobbing call）也是警戒聲的一種，能把附近的同伴叫來，集合眾鳥的力量趕跑掠食者，像是輪流飛撲、或是不斷抖動翅膀邊跳邊叫。隨著威脅程度不同，警戒聲的叫法也有所差異。

例如黑頂山雀發現在天上飛的猛禽時，會發出小聲的「seet！」通知其他同伴注意；發現停棲的猛禽，則是大叫「chick-a-dee！」

呼喚其他同伴一起把掠食者趕跑。如果對象是小型猛禽，就會增加尾音「dee」的次數，變成「chick-a-dee-dee-dee-dee！」對黑頂山雀這些小型鳥來說，靈活的小型猛禽抓小型鳥來吃的機會更高，比大型猛禽更具威脅性，聽到同伴的小型猛禽警戒聲後，趕來幫忙的黑頂山雀也比較多[55]！

在森林裡，聲音是很有效的訊息傳遞方式，其他鳥類或生物也會偷聽牠們的警戒聲來及早因應掠食者[56]。

黑頂山雀的警戒聲

藪鳥的鳴唱聲會因為地理區隔產生差異

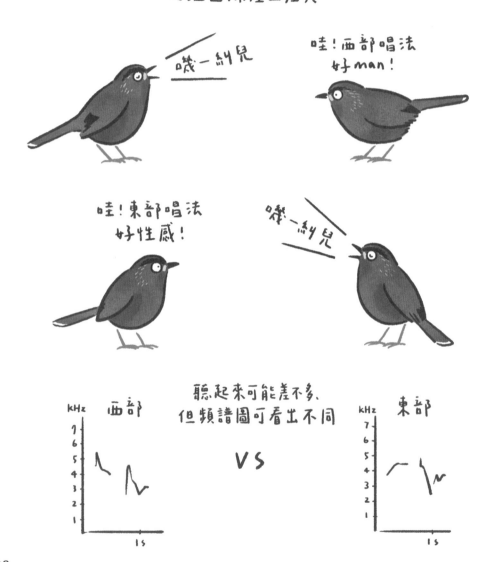

小鳥也有方言！

有時候，同一種語言在不同區域會產生不同的方言，鳥的鳴唱聲也是！同一種鳥的鳴唱聲通常和住附近的鄰居相似，和距離較遠的同類則有較大的不同。這可能是因為地理區隔或環境條件不同，而產生鳴唱聲的差異，久而久之，這裡、那裡跟翻過山另一側的唱法就不太一樣了。

在臺灣有許多山脈阻隔，例如藪鳥在中部、南部、中央山脈西側、東側就各有不同的方言。雖然在我們耳裡，同一種鳥的鳴唱聲聽起來可能差不多，不過，把鳥音轉換成頻譜圖，就可以看出差異喔[57]！

藪鳥的
鳴唱聲

99

一起活動的好處

1. 縮短找食物的時間

有吃的！

2. 提早發現天敵

有安全感！

3. 互相取暖

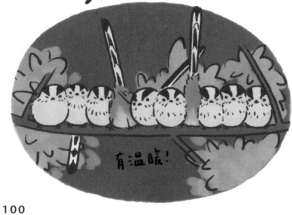

有溫暖！

當我們同在一起

有時候小鳥喜歡成群結隊一起活動，好多雙眼睛東看看西看看、互相交換訊息，可以縮短找食物的時間！像是紅頭山雀就喜歡成群結隊，而不同的鳥種也會混合成一大群移動，例如繡眼畫眉等先驅部隊在樹林間移動時，其他鳥種緊跟在後，剛好可以捕捉被驚飛的蟲或掉落的食物，增加覓食效率。

好多雙眼睛東看西看，也可以更早發現天敵，除了發出警戒聲提醒大家快逃，有時也會呼喚同伴來共同抵禦天敵。或是像歐洲椋鳥常常成千上萬隻一起飛，還可以整群來個髮夾彎再髮夾彎，在天空中變化各種形狀，這麼多目標同時飛來飛去，天敵也比較難迅速鎖定一隻下手。這在生態學上稱為「稀釋效應」（dilution effect），越多鳥一起當分母，就能大大降低自己被抓到的機率！

此外，群體生活也有助於維持體溫（你可以翻回 p.51 複習一下），還能增加配對機會。但是，組成群體有好處當然也有壞處，例如容易引起天敵注意、交配容易受干擾、群內競爭提高，而且互相傳染疾病和寄生蟲的風險也比較高 [58,59]。

你不要傳染羽蝨給我喔！

是你傳染給我的吧！

有好處當然也有壞處

如何討母鳥歡心呢？

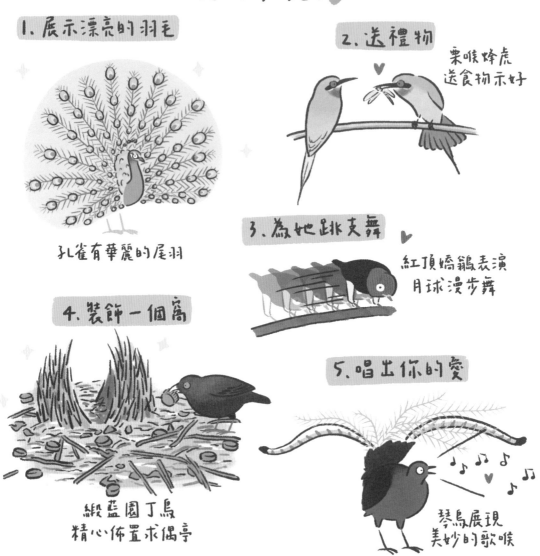

1. 展示漂亮的羽毛

孔雀有華麗的尾羽

2. 送禮物

栗喉蜂虎
送食物示好

3. 為她跳支舞

紅頂嬌鶲表演
月球漫步舞

4. 裝飾一個窩

緞藍園丁鳥
精心佈置求偶亭

5. 唱出你的愛

琴鳥展現
美妙的歌喉

爭奇鬥豔的把妹招數

對鳥來說，「繁殖」是年度大事，為了擺脫單身，公鳥們使出渾身解數，向母鳥展現自己最好的一面。牠們展示華麗的羽毛，羽毛有光澤也表示公鳥的身體條件較佳；或是用食物向母鳥示好，用行動證明自己的捕食能力，對餵養幼鳥也有幫助；或是為母鳥跳支別出心裁的求偶舞，有沒有跳錯、節奏對不對，都可以看出公鳥有沒有經驗；有些鳥則是展現美妙的歌喉，從鳴唱技巧、時間長短也能聽出公鳥有沒有活力；或是搭建一個窩來展示自己的建築技術等等。求偶的方式五花八門、千奇百怪，不過目的都是一樣的，就是找到另一半一起繁衍下一代！

由於母鳥對繁殖的投資程度通常比較高，例如產生較大的卵子還要花時間、精力生蛋，每次生蛋的數量也有所限制，所以會謹慎挑選對象。而公鳥為了吸引母鳥的注意，則通常是羽色較鮮豔、體型較大或是鳴唱聲較複雜的一方。

挑剔的母鳥透過公鳥各式各樣的展示行為，去判斷候選人的健康狀況、覓食能力等等，綜合各種蛛絲馬跡再從中挑出最滿意的公鳥配對，就有機會獲得較好的基因！

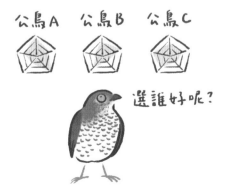

琴鳥的
歌聲

103

配偶只能有一位嗎？

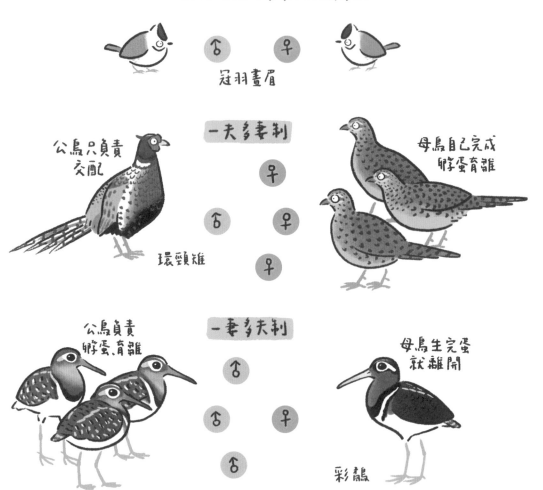

一夫一妻制
由一對成鳥完成築巢、孵蛋、育雛

♂　♀

冠羽畫眉

一夫多妻制

公鳥只負責交配

♀

♂　♀

環頸雉

♀

母鳥自己完成孵蛋育雛

一妻多夫制

公鳥負責孵蛋、育雛

♂

♂　♀

♂

母鳥生完蛋就離開

彩鷸

鳥類的夫妻之道

在鳥類的世界裡，最普遍的配對是「一夫一妻制」（monogamy），由一對成鳥完成築巢、孵蛋和育雛等繁殖任務。

但是，鳥類的一夫一妻制並不代表忠貞的愛情。某些雁鴨的一夫一妻制只維持一年，每年換老公老婆，稱為「不連續的一夫一妻」；而信天翁則可以維持好幾年，稱為「連續的一夫一妻」。而且，即便是一夫一妻，公母鳥雙方各自「搞外遇」是家常便飯，稱為「偶外配對」（extra-pair copulation），目的都是為了留下更多後代。

另一種是公鳥交配完就拍拍屁股走人，繼續找其他母鳥交配的「一夫多妻制」（polygyny）。當母鳥能獨立撫養幼鳥，公鳥大概也只剩提供精子的功能，接下來的孵蛋、育雛都由母鳥自己負責。通常一夫多妻制的幼鳥屬於「早熟性鳥類」，孵化時身上就有羽毛，沒多久就可以趴趴走。

「一妻多夫制」（polyandry）跟一夫多妻制剛好相反，母鳥們彼此競爭領域，羽色比公鳥還要鮮豔，由母鳥求偶和競爭交配權，孵蛋跟育雛則是單親爸爸負責，幼鳥通常也是早熟性。母鳥生完蛋就離開另覓新歡，繼續交配生蛋、再交配再生蛋，藉此增加自己小孩的數量。

↑老公

快點！趁老公不在！　←小王

北美松雞公鳥們聚集在
求偶場吸引母鳥注意

鼓動胸口
黃色囊袋

咕咚
咕咚

咕咚

咕咚

咕咚

咕咚
咕咚

每個求偶場由最受歡迎
的1、2隻公鳥,包辦大部分
的交配機會!

北美松雞的咕咚之爭

天還沒亮，北美松雞公鳥們已經聚集在各個求偶場（lek），開始今天的求偶儀式。求偶場有大有小，聚集了數十隻到數百隻的公鳥，各自捍衛一塊領域，互相示威較勁。

公鳥在自己的地盤內豎起尾羽、鼓動胸口兩個黃色囊袋，發出「咕咚、咕咚」的聲音，展示雄性魅力。母鳥們陸續抵達，在此起彼落的「咕咚、咕咚」聲中，挑選出品質最好的當老公，就像到市場買菜一樣挑剔。

看起來選擇很多，但每個求偶場最受歡迎的就是那 1、2 隻公鳥，由牠們包辦了這個求偶場大部分的交配機會，研究人員曾記錄到 1 隻公鳥 3 小時內交配了 30 次[60]！對北美松雞這種採一夫多妻制的公鳥來說，盡可能跟越多母鳥交配，把精子散播越廣越好。交配完的母鳥帶著精子離開求偶場，靠自己築巢生蛋、帶小孩。公鳥則繼續「咕咚、咕咚」，吸引下一隻母鳥。

北美松雞
的求偶聲

流蘇鷸公鳥
有3種類型

呃...
我偷一來好了

擬雌型公鳥
長得像母鳥
伺機而動

選我！

衛星型公鳥
在領域公鳥
附近晃來晃去

選我！

領域型公鳥
有自己的地盤

流蘇鷸的愛情三選一

就像戴著頸圈的伊莉莎白女王，繁殖季時的流蘇鷸公鳥，頭部跟頸部會換上華麗蓬鬆的飾羽，牠們集中在各求偶場捍衛自己的領域並展示華麗的羽毛，互看不順眼就打起來。其中大部分公鳥頭頸部的飾羽是黑色或栗色，屬於佔 80 ～ 95% 的「領域型公鳥」。

少部分位階較低的「衛星型公鳥」(大約佔 5 ～ 20%)，有白色的頸圈飾羽但沒有地盤，牠們會在領域公鳥的地盤晃來晃去，尋找機會。求偶場上如果有眾多公鳥，可以吸引母鳥到來，所以領域公鳥通常對牠們睜隻眼閉隻眼。衛星公鳥也有機會跟母鳥交配，但領域公鳥不時會示威一下，告訴牠們：「我才是老大！」

當其他公鳥打來打去、一團混亂時，第 3 種公鳥偷偷混入求偶場，牠們沒有華麗的飾羽，長得就像母鳥，在求偶場內伺機而動，當母鳥準備好跟其他公鳥交配時，再衝出來搶先一步，稱為「擬雌型公鳥」(少於 1%)。

至於要當哪個類型的公鳥，啊很抱歉，DNA 早就幫你決定好了！流蘇鷸公鳥的外型及交配行為，由 125 個基因組成的超級基因決定。擬雌公鳥的這段基因大約 380 萬年前發生倒置；約 50 萬年前，這段基因又部分翻轉回來，形成介於領域公鳥及擬雌公鳥之間的衛星公鳥 [61,62]。

打來打去的公鳥們

繁殖季的美洲尖尾鷸公鳥，
正忙著到處找母鳥

2:00

本季目標：
找到好多老婆

北極圈夏天永晝，公鳥也不眠不休　23:00

那邊有母鳥!!!

連續19天內，95%的時間都保持清醒

哪邊還有
母鳥？

繁殖季平均
飛3,021km

美洲尖尾鷸的求愛馬拉松

5 月下旬，美洲尖尾鷸才剛從南半球陸陸續續飛抵阿拉斯加北部的繁殖地，但卻沒什麼時間休息了，因為繁殖季接著展開。一夫多妻制的牠們，孵蛋跟照顧小屁孩的差事都由母鳥獨力完成，不過公鳥也沒閒著，牠們的目標是在短短的繁殖季盡可能把到越多的妹，替自己生小孩！

位於北極圈內的繁殖地，夏天是永晝，公鳥們忙著擊退其他對手、追母鳥、密集求偶，競爭激烈到連睡覺都嫌浪費時間，甚至有公鳥連續 19 天內 95% 的時間都保持清醒，睡不到 23 個小時的紀錄……

這些睡眠越不足的公鳥，越能跟更多母鳥互動，也有較多的老婆跟小孩！而且公鳥們不只停留一個地方，牠們會在北極圈四處趴趴走、尋找機會，哪邊母鳥多就待久一點，一個繁殖季平均飛 3 千多公里呢 [63,64]！

留下自己的DNA

美洲尖尾鷸
的求偶聲

111

天堂鳥五花八門的舞步

麗色裙天堂鳥張開雙翼擺動頭部

大華美天堂鳥繞著母鳥彈跳

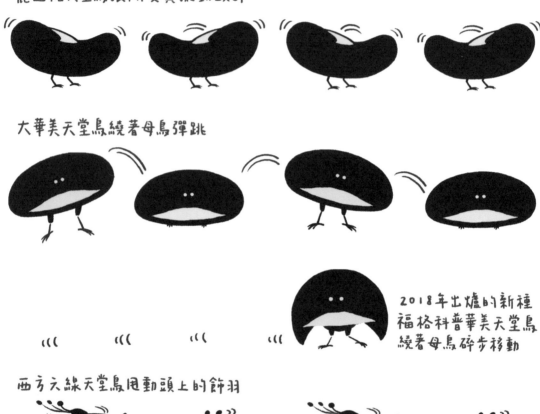

2018年出爐的新種福格科普華美天堂鳥繞著母鳥碎步移動

西方六線天堂鳥甩動頭上的飾羽

天堂鳥的華麗求偶秀

在食物資源豐富的印尼和新幾內亞熱帶森林，公天堂鳥把時間跟心思都放在求偶上，演化出各種五顏六色的羽毛、奇形怪狀的裝飾跟求偶舞。例如麗色裙天堂鳥張開雙翼，同時左右擺動頭部，展示胸前亮麗的藍色羽毛；大華美天堂鳥張開橢圓形的黑色飾羽，襯托頭上的眼斑跟胸前的藍綠色胸帶，看起來像個詭異的藍綠色笑臉，繞著母鳥彈跳；而 2018 年才獨立為新種的福格科普華美天堂鳥，雖然跟大華美天堂鳥長得很像，卻是繞著母鳥小碎步移動；西方六線天堂鳥則展開裙子般的黑色飾羽，搖動頭上的線型飾羽，再看準時機亮出胸前絢麗的羽毛！

光是這些還不夠吸睛，有些天堂鳥的黑色羽毛甚至可以吸收 99.95% 的可見光，比起一般普通的黑色羽毛，這種羽毛的羽小枝布滿許多微小的分枝，特殊的排列方式讓光線照射時，會反射進入密密麻麻的羽毛結構間，而不會向外反射。

當公鳥向母鳥展示牠們繽紛的羽毛時，這種特殊結構的黑嚕嚕消光羽，能把鮮豔的羽毛襯托得更亮眼突出，好讓母鳥留下深刻印象！例如大華美天堂鳥斗篷般的消光羽，就分布在胸前藍綠色的羽毛周邊，而展示時被遮住的背部，就只是一般的黑色羽毛[65]。

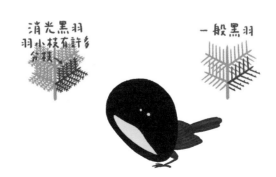

消光黑羽
羽小枝有許多分枝

一般黑羽

長尾嬌鶲求偶中

2隻公鳥一起跳求偶舞

小弟

大哥

小弟我先
撤退了！

只有大哥才能跟母鳥交配

長尾嬌鶲跟牠的把妹好搭檔

繁殖季一到，為了繁衍自己的下一代，大部分的公鳥總是竭盡全力展示，視彼此為競爭對手。不過生活在中美洲的長尾嬌鶲，位階高的公鳥求偶時，有小弟幫忙伴舞！

公鳥們組成一支支求愛特攻隊，每支隊伍約有 8 ～ 15 隻沒有親緣關係的隊員，依年紀大小而有位階之分，以年紀最大的老大為首，還有老二跟其他位階較低的小弟們。求偶儀式通常由老大跟老二合作，在這支隊伍固定的求偶場跳雙人舞給母鳥欣賞。如果母鳥喜歡，老二便撤退、結束本回合任務，留下老大獨舞、跟母鳥交配。這對搭檔的合作關係可以維持好幾年，其他的小弟除了當學徒觀摩，也會互相練習鑽研舞技，有些甚至身兼好幾位大哥的小弟。公鳥一路從小小弟、小弟、高階一點的小弟、老二，爬到最高位階時，平均年齡是 10 歲，才終於熬出頭，獲得跟母鳥交配的機會[66]！

沒有交配機會卻一直當伴舞對小弟有什麼好處？除了可以增進求偶的技能，當老大死亡後，當老二的小弟通常可以繼承老大的位置跟這個求偶場，擺脫幫別人伴舞的命運。前提是要吃得了苦，還要夠長壽！

長尾嬌鶲
的求偶聲

養育幼鳥的各種鳥巢

鳥巢是用來生蛋、孵蛋、養小孩的暫時性設施，為幼鳥或蛋遮風避雨及提供保護，每種鳥的習性不同，築巢的材料、形狀、地點也都不太一樣！

依據臺灣中央研究院的研究，鳥類的親緣關係越近，鳥巢的結構越相似。但是，「要在哪裡築巢好呢？」這個重要的問題，卻容易隨著環境狀況而改變[67]。

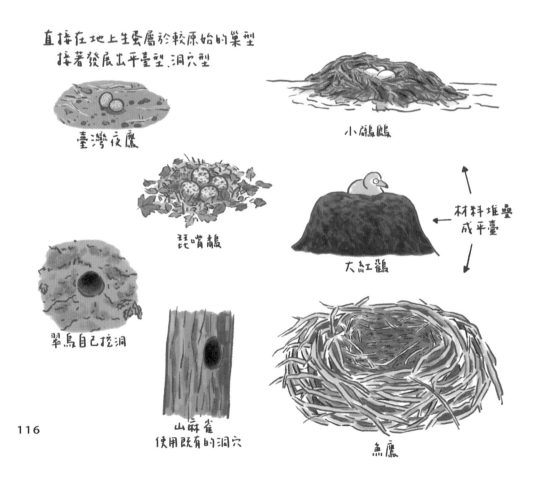

直接在地上生蛋屬於較原始的巢型
接著發展出平臺型、洞穴型

臺灣夜鷹

小鸊鷉

琵嘴鴨

大紅鸛

材料堆疊成平臺

翠鳥自己挖洞

山麻雀
使用既有的洞穴

魚鷹

漸～的出現杯碗型、球型、
球型加通道等多樣化的巢型

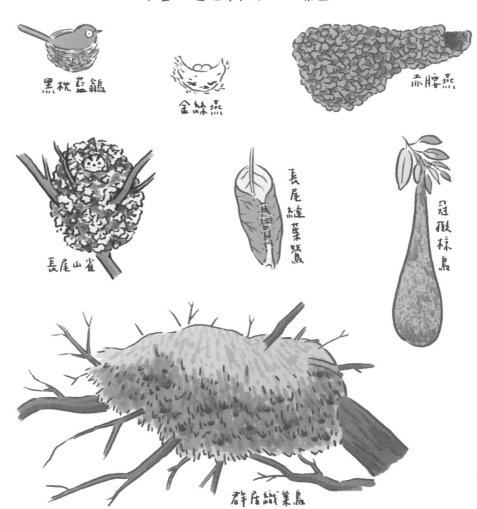

黑枕藍鶲

金絲燕

赤腰燕

長尾山雀

長尾縫葉鶯

冠鵁椋鳥

群居織巢鳥

築巢囉!

草是黑枕藍鶲
築巢的主要材料

長尾山雀用了
2,000 新羽毛

家燕飛上百趟
啣濕泥塊

棕煌蜂鳥
把地衣貼在巢的
外側當掩飾

藍山雀
用香草驅蟲

束美鳴角鴞
抓盲蛇回家當清潔工

啊，大便
被撿走了!

糞金龜

穴鴞在巢洞口
放動物大便
吸引昆蟲

五花八門的巢材

為了避免被掠食者發現，築巢的位置得慎重選擇，最好是不容易接近且有隱蔽性。選好位置接下來就是尋找巢材，樹枝、獸毛、泥土、蜘蛛絲等都是常見的材料，有些鳥還會用地衣、苔蘚等裝飾在鳥巢外側作掩飾，巢裡面再鋪上柔軟的苔蘚或羽絨當內襯。

有些藍山雀母鳥在生蛋後會為巢添加薰衣草、薄荷等有抑菌驅蟲功能的香草植物，直到幼鳥離巢[68]；有些金絲燕和雨燕會用唾液固定鳥巢，而這類用口水黏緊的鳥巢經過加工後，就是食品「燕窩」；穴鴞則會在巢洞口擺放動物大便，捕食被吸引過來的昆蟲[69]；東美鳴角鴞會活捉德州細盲蛇回家，大部分被抓回來的盲蛇生活在巢洞底部的碎屑中，可以幫鳴角鴞除掉一些巢裡的小害蟲，有盲蛇清潔工的巢洞不僅蟲蟲比較少，而且小貓頭鷹們都頭好壯壯、長得也比較健康喔[70]！

馬麻我可以
吃牠嗎？

～ → 盲蛇

黑頰蜂鳥會在鷹巢附近築巢

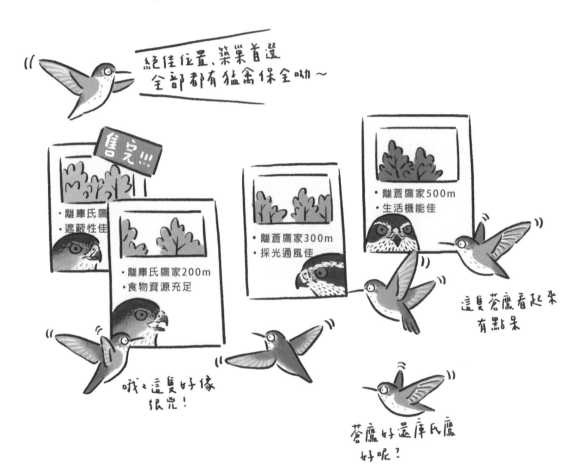

絕佳位置、築巢首選
全部都有猛禽保全呦～

售完!!!

· 離庫氏鷹
· 遮蔽性佳

· 離庫氏鷹家200m
· 食物資源充足

· 離蒼鷹家300m
· 採光通風佳

· 離蒼鷹家500m
· 生活機能佳

這隻蒼鷹看起來
有點呆

哦～這隻好像
很兇!

蒼鷹好還庫氏鷹
好呢?

蜂鳥跟牠的好鄰居

房仲們常強調，買房最重要的是「Location、Location、Location！」只要地段好房子就穩賺不賠，這個道理黑頦蜂鳥也懂。

黑頦蜂鳥常常把巢築在庫氏鷹或蒼鷹的巢附近，這些免費保鑣時不時會在巢附近盤旋搜尋、俯衝捕捉獵物，蜂鳥的掠食者墨西哥叢鴉怕被抓，在鷹巢附近活動時會飛得比平常還要高，在俯衝範圍內更是不敢靠近，鷹巢的周邊便形成了安全防護傘。

有了好鄰居的庇蔭，蜂鳥的蛋跟幼鳥安全有保障，這個區域的蜂鳥繁殖成功率就會比較高[71]。也許你想問，為什麼蜂鳥不會被抓來吃呢？對體重跟蜂鳥差了快 200 倍的猛禽來說，蜂鳥又小隻、動作又快，也不值得大費周章抓來吃，塞牙縫都嫌不夠呢！

上百隻的群居織巢鳥一起
建造一個集合住宅，一起生活，
也有其他鳥會跑來使用！

群居織巢鳥的集合住宅

在地狹人稠的都市，人類住在各式各樣的公寓大樓裡；而在非洲南部，有些樹上、電線桿上有一坨坨詭異的巨大稻草堆，那則是群居織巢鳥們的集合住宅！牠們用乾草莖當主結構，建造許多小房間，每個小房間鋪有葉子和獸毛作為內襯，還有獨立出口，可供數百隻的群居織巢鳥居住。

群居織巢鳥採幫手制的合作生殖，幾百對織巢鳥一起繁殖養小孩，哥哥姊姊不只幫忙照顧弟弟妹妹，連隔壁鄰居的小孩也一起照顧，等小孩長大了就搬到新的小房間，好幾代一起居住生活[72]。

以大片草原為主的非洲莽原，炎熱的夏季高溫超過 40 度，冬季氣溫可以低於 0 度，灌木、喬木並不多，因此群居織巢鳥的巨型鳥巢，是個重要的遮蔽場所。在炎熱的時候能遮蔭，氣溫低時還可以保暖，也會有其他鳥跑來休息或使用，例如非洲侏隼就常常占用織巢鳥社區中的空房間養自己的小孩。

沒收租金真是虧大了！

泄殖腔的 3 種功能

1. 排泄

你很遜欸！

2. 交配

3. 生蛋

泄殖腔之吻

排泄、交配、生蛋這三件事，鳥都是透過同一個出口——「泄殖腔」完成。

消化道產生的食物殘渣（黑黑的）跟腎臟代謝出來的尿酸（白白的），混合後一起從泄殖腔排出體外，所以擊中你的鳥大便，其實是屎尿混合物！鳥兒的腸道短，沒地方藏宿便，有屎有尿就拉也可以減輕體重，降低飛行的負擔。

另外，絕大部分的公鳥沒有陰莖（但是鴨子有，還長達 30 公分），交配主要都是透過泄殖腔的接觸完成，俗稱「泄殖腔之吻」（cloacal kiss），公鳥站在母鳥背上，扭轉屁股對準母鳥的泄殖腔，大概幾秒就大功告成，接下來就等生蛋啦！

3個願望1次滿足

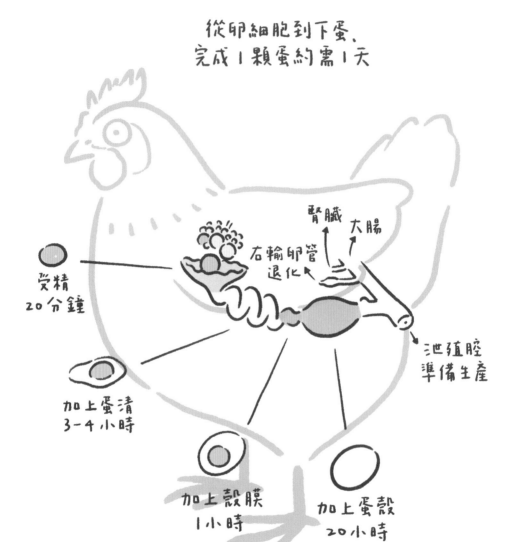

從卵細胞到下蛋，
完成1顆蛋約需1天

腎臟　大腸

右輸卵管
退化

泄殖腔
準備生產

受精
20分鐘

加上蛋清
3-4小時

加上殼膜
1小時

加上蛋殼
20小時

蛋的產生

大部分的鳥左側卵巢跟輸卵管比較發達，右側的已經退化，發育成熟的卵細胞（卵黃）脫離卵巢、進入輸卵管，在漏斗部受精；卵細胞經過輸卵管最長的壺腹部包覆蛋清，接著在峽部形成內外殼膜，把蛋清包起來；最後，進入子宮，被碳酸鈣包裹形成蛋殼，蛋殼的顏色和花紋也是在這裡形成，這個階段最花時間。許多雀形目鳥類通常在晚上形成蛋殼，凌晨產卵。

鈣質是蛋殼的重要成分，生蛋會造成母鳥的鈣質流失，因此鳥媽媽在產前會多吃蝸牛殼等食物補充鈣質。完成後，鳥蛋就會移動到陰道跟泄殖腔準備生產，一顆蛋的製程從卵細胞到下蛋大概要花上 1 天，所以通常鳥媽媽 1 天只能生 1 顆蛋，有些大型猛禽生蛋間隔 3 至 5 天，鰹鳥更可以相差 7 天！

多補充鈣質
蛋殼才不會脆弱！

孵蛋的眉角

剛生出來的蛋不用馬上孵，因為胚胎還沒開始發育。「孵蛋」是啟動胚胎發育的開關，當鳥蛋內的溫度因為親鳥孵蛋而升高時，胚胎就會開始發育。許多親鳥在孵蛋期間腹部的羽毛會脫落，稱為「孵卵斑」（brood patch），光禿禿的腹部增生皮下血管，增加對蛋的溫度傳導。不過，鰹鳥用蹼來孵蛋，孵蛋期間蹼會增生許多血管來促進傳熱保溫[73]。

把蛋全部生完後才開始孵蛋，每一隻雛鳥孵化的時間通常差不多，稱為「同步孵化」（synchronize hatching）；如果蛋還沒生完就先孵蛋，先孵的蛋因為提早開始發育而早孵化，比較晚生出來的蛋就會比較晚孵化，稱

為「不同步孵化」（asynchronous hatching）。

不要小看這時間差，橙嘴藍臉鰹鳥的老大跟老二的孵化時間可以相差 4～7 天，這幾天內，老大獨享爸媽帶回來的食物，但老二從孵化後就會受到強壯的老大霸凌，甚至把老二拖出巢外，爸媽也放任這一切發生，爹不疼娘不愛的瘦弱老二很快就會餓死，或變成其他動物的食物。

可能是親鳥因應有限的食物資源，而把資源投資在最優勢的幼鳥身上；生第 2 顆蛋也可能是為了避免第 1 顆蛋失敗所做的保險措施[74]！

孵化不同步會造成幼鳥體型、競爭能力差異

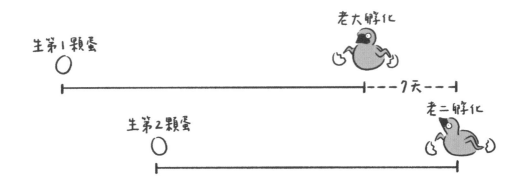

生第1顆蛋

老大孵化

├----7天--┤

生第2顆蛋

老二孵化

開始孵蛋

老大開始吃東西

強壯的老大把老二拖出巢外

東方環頸鴴會假裝受傷
吸引天敵注意

啊～
我飛不起來了

讓天敵漸漸遠離鳥巢

快來抓我！

保護好幼鳥及蛋

呼～
剛剛真是好險！

鳥類的護幼行為

當天敵出現在鳥巢附近，為了保護辛苦生下的蛋或幼鳥，大型猛禽會直接攻擊驅趕入侵者，但正面防守時，一個不小心自己也可能受傷或喪命。

因此，有些鳥則是採取分散注意力的策略，像是趴在地上拍翅膀假裝受傷飛不起來，吸引注意進而引誘掠食者尾隨，讓天敵漸漸遠離鳥巢後再咻的飛走，留下被騙得一頭霧水又沒得吃的掠食者[75]。

許多在地面生蛋繁殖的鳥都有這種擬傷行為（ injury feigning ），像夜鷹、東方環頸鴴等鴴類的鳥。下次如果遇到這些演技有點爛卻很盡責的鳥爸爸鳥媽媽，請配合演出，盡速離開不要打擾牠們喔！

不過，有許多鳥類在育雛時也不是好惹的，例如臺灣藍鵲、澳洲的澳洲鐘鵲。牠們在繁殖期間的攻擊性特別強，常常攻擊單純路過的路人，讓澳洲政府在公園設置告示牌說明：鳥類繁殖期間攻擊性強是正常現象，只是要保護小孩。

2019 年，澳洲雪梨有隻澳洲鐘鵲因為太常攻擊單車騎士而被地方政府射殺，結果眾多民眾不滿意政府的處理方式而群起抗議，認為鳥類繁殖時具攻擊性是澳洲民眾的常識，逼得政府不得不認錯道歉。

離我的小孩遠一點！！！

131

許多猛禽母鳥的體型
比公鳥還要大

我是不是很胖？

北雀鷹
♀258克

公母鳥的二型性

不論是昆蟲、兩棲類或是哺乳類，許多生物的雌雄外觀有明顯的差異，鳥類也不例外，大部分的公鳥有較鮮艷的外型或較大的體型，稱為「雌雄二型性」（sexual dimorphism）。達爾文提出「性擇」（sexual selection）來解釋這個現象，雄性們為了捍衛領域、競爭交配機會，演化出較大的體型、顯眼的外型等。

不過有些鳥卻剛好相反，比較大隻或鮮艷的反而是母鳥，稱為「逆雌雄二型性」（reversed sexual dimorphism）。例如一妻多夫制的彩鷸、水雉，由公鳥負責孵蛋、育雛，母鳥互相競爭交配機會，羽色就比公鳥來得鮮艷；而許多鷹、隼、貓頭鷹等猛禽，母鳥的體型也比公鳥還要大[76]。

研究發現，許多猛禽公母鳥的體型差異會受到獵物種類跟靈活程度的影響。猛禽通常由母鳥負責孵蛋、餵小孩，公鳥負責帶食物回來。小隻的公鳥可能比較靈活有利於狩獵，

而且小型獵物的數量通常比較多，比大型獵物容易獲得，可以有較穩定的食物供應，例如以捕食鳥類為主的北雀鷹，公母鳥體形差異，就比腐食性的兀鷲大上許多[77]。

不.不會啊...
超瘦的

古149克

成年的黑背信天翁
會回到出生地尋找配偶

配對一旦形成，
可以維持幾十年不變

一起跳求偶舞

1次只生1隻，
花2個月輪流孵蛋

再花5~6個月
照顧幼鳥

簡單的圓形土丘巢

呼~
好累啊！

傳奇信天翁阿嬤

不管 70 歲的你想做些什麼，生小孩應該不會是選項之一吧！不過有隻至少 69 歲的黑背信天翁，每年依然很有毅力的回到中途島養育下一代。中途島是黑背信天翁的重要繁殖地，位於夏威夷的西北邊，每年都有百萬隻黑背信天翁到島上繁殖，其中最有名的就是阿嬤級的 Wisdom。

Wisdom 是在 1956 年被研究人員繫上腳環的，推測當時回中途島繁殖的她至少 5 歲了。牠們算是性成熟比較晚的鳥類，菜鳥信天翁鳥生剛開始的 3 至 5 年大都在海上闖蕩，之後每年繁殖季回到出生地尋找配偶，配對關係一旦形成，可以維持幾十年不變。牠們通常在 6 至 8 歲進行第 1 次繁殖，1 次只生 1 隻，花 2 個月輪流孵蛋，再花 5 至 6 個月照顧毛茸茸的幼鳥，既費時又費力，所以大部分的黑背信天翁不會每年都繁殖。

不過從 2006 年起，Wisdom 每年都回到中途島生下她的小孩，這位好棒棒的模範生育楷模，目前養育了超過 35 隻信天翁，她也是地球上已知最老而且還能生育的野鳥，這紀錄還在持續當中 [78, 79]！

今年讓我休息一下吧！
Zzz

寄生攻防戰

當大部分的鳥都在為了繁衍下一代而忙碌的時候，有些鳥不築巢、不孵蛋，而是偷偷把蛋產在其他鳥的巢裡，把養兒育女這件苦差事丟給別人，這種特殊的寄生行為，稱為「托卵寄生」（brood parasitism）。全世界約有 1% 的鳥種有托卵寄生的行為，其中最耳熟能詳的就是杜鵑科的鳥類，其他像是北美洲的褐頭牛鸝、南美洲的黑頭鴨、非洲的黑喉嚮蜜鴷、寄生織巢鳥等，也都是會托卵寄生的鳥種。

要寄生別人也不是件容易的事，母鳥得四處監控宿主們的動靜，尋找適合的對象，趁宿主離巢的時候偷偷溜進巢裡，快速生下自己的蛋。許多宿主發現寄生者的蹤影時，會呼喚同伴一起驅趕。有些杜鵑跟小型猛禽的特徵有點類似，特別是胸前的條紋及灰棕色的背部，這種擬態（mimicry）可能可以唬住一些小鳥，讓他們誤以為猛禽來了，趕快逃離鳥巢或緊張得大叫，反而暴露巢的位置讓杜鵑有機可乘；萬一遇到有攻擊性的宿主及掠食者時，也有嚇阻對方、保護自己的功能！而寄生織巢鳥的母鳥，則是跟不會寄生的紅寡婦鳥母鳥長得很像，也可以降低宿主對牠們的警戒。

漸漸的，許多宿主演化出辨識蛋的能力，會把外來蛋踢出巢外，有些宿主發現被寄生甚至整個巢都會放棄；寄生者為了避免被識破，就得讓蛋看起來像宿主生的，例如大杜鵑、寄生織巢鳥，就有許多顏色紋路各異的蛋，以模仿不同宿主蛋的顏色及紋路，但再怎麼厲害，每隻母鳥也只能偽造出一種款式的蛋，專門寄生某幾種特定宿主。偽造的技術升級，防偽的技術也得跟著升級，常常被寄生織巢鳥寄生的褐脇鷦鶯，每隻母鳥的蛋都有自己的顏色跟紋路，就像防盜浮水印一樣，增加寄生的難度。不過像大杜鵑宿主之一的林岩鷚，可能被寄生資歷尚淺，即便寄生蛋跟牠的蛋差異很大，也幾乎沒有排斥寄生蛋的行為，大杜鵑也還沒演化出模仿林岩鷚蛋的能力。

宿主驅趕寄生者

寄生者擬態成別的物種

有猛禽！快逃！

宿主學會排除外來蛋

哼！想騙我！

寄生者模仿宿主的蛋

	紅尾鴝	花雀	西方大葦鶯	草地鷚	紅背伯勞
宿主					
杜鵑					

宿主增加蛋的外觀變異

哼！我們每隻母鳥的蛋都有自己的花紋！

可惡！難度增加了…

母鳥A	母鳥B	母鳥C	母鳥D	母鳥E

褐脅鷦鶯

寄生織巢鳥

寄生幼鳥的進攻

1. 再見啦！杜鵑把宿主的蛋推出巢外

2. 去死吧！鬍蜜鴷殺死宿主的幼鳥

3. 翼角黃色斑塊刺激宿主餵食

4. 模仿宿主幼鳥的外觀

牠們是冒牌貨！

宿主棄巢離去

哼！想騙我！

未完待續

當蛋的防線被突破，攻防戰就進入下一個階段。通常寄生的幼鳥會比較早孵化，例如杜鵑幼鳥會把巢裡其他的蛋用背頂出巢外，好霸佔養父母的照顧。而嚮蜜鴷幼鳥的鳥喙前端有利鉤，等宿主的幼鳥孵化後便緊緊咬住用力甩，幾個小時後，宿主的幼鳥就會因皮下出血及嚴重挫傷死翹翹。棕腹鷹鵑幼鳥的翼角內側有黃色斑塊，模擬幼鳥黃黃的嘴喙內側，乞食的時候露出左右兩個黃色斑塊，讓養父母以為巢中好多小孩嗷嗷待哺，更努力帶食物回巢。通常幼鳥孵化後，養父母就會開始餵食，直到幼鳥離巢。不過研究也發現，有些宿主發覺不太對勁，有排斥寄生幼鳥的行為，例如壯麗細尾鷯鶯會棄巢離去；而巨嘴刺噪鶯甚至會把棕胸金鵑幼鳥拉出巢外。而棕胸金鵑等 3 種金鵑幼鳥，則演化出跟牠們主要宿主幼鳥差不多的外觀[80,81]。

究竟這場寄生者與宿主的攻防戰，最後到底是誰勝誰負呢？就讓我們繼續看下去。

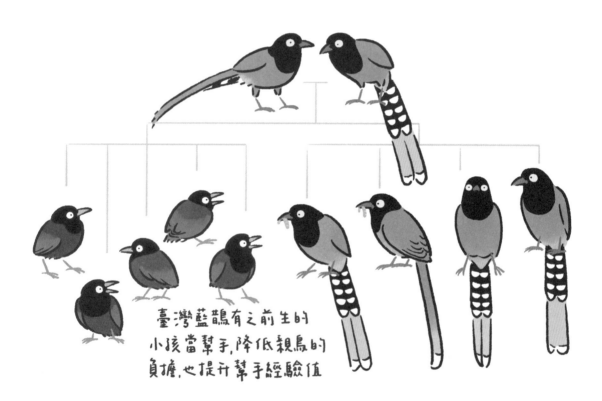

臺灣藍鵲有之前生的
小孩當幫手,降低親鳥的
負擔,也提升幫手經驗值

合作生殖

除了雙親或單親家庭,也有集合式的大家庭,全球約一萬種鳥中,大約有 300 多種是許多成鳥一起築一個巢、孵蛋、照顧幼鳥(不管是不是自己生的),稱為「合作生殖」(cooperative breeding)[82]。

其中,又有由親戚組成的「幫手制」(helpers-at-the-nest),只有 1 隻母鳥生蛋,其他成員通常是親鳥之前生的小孩留下來幫忙,例如臺灣藍鵲[83]。有幫手可以幫忙捍衛領域、提供食物,減輕爸媽育雛的負擔,也提升幼鳥的照護品質,幫手自身的經驗值增加,也對未來的繁殖有所幫助。

合作生殖中,只有不到 20 種鳥類屬於「共用一巢制」(joint nesting system),大多由非親非故的成員組成,群體裡有 1 隻以上的母鳥在同一個巢生蛋。

如生活在臺灣中、高海拔山區的冠羽畫眉,繁殖季常因為颱風豪雨、天敵捕食蛋或幼鳥造成繁殖失敗。群成員多、築巢的速度快,萬一失敗了也能快點開始築下一巢,分散投資風險,爸媽們互相分擔孵蛋跟育雛的工作量,也可以減輕繁殖負擔[84,85]。

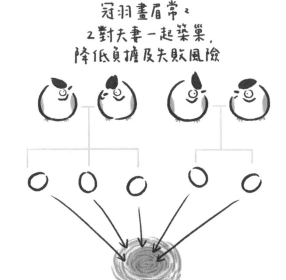

冠羽畫眉常 2~2 對夫妻一起築巢,降低負擔及失敗風險

04

飛行與遷徙

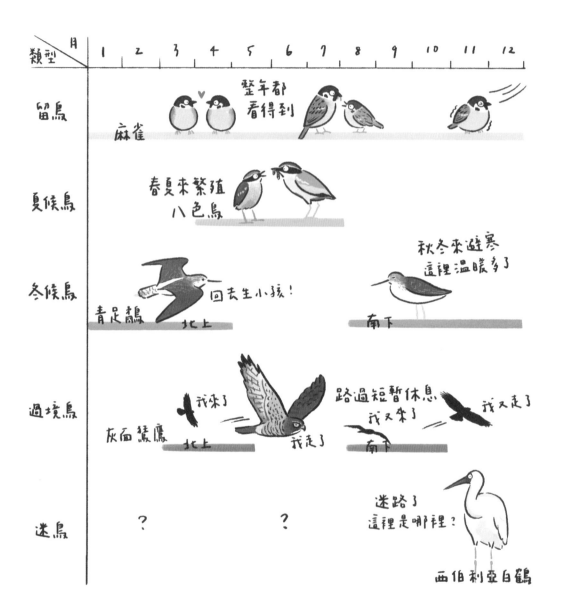

鳥類的遷留狀態

飛行是許多鳥類主要的移動方式，也讓鳥類發展出隨著季節變化的遷徙行為，在固定的地點之間，進行週期性的規律移動。

對有些鳥來說，棲息環境足以滿足整年的生存需求，但對另外一些鳥來說，某些季節並不適合生存，必須到別的地方度過。依鳥類的遷留型態，大致能分成幾種類型：

1. 留鳥：一年四季都看得到，在某地生活、繁殖、度冬的在地居民。

2. 候鳥：每年固定往返繁殖地與度冬地之間的鳥類。春夏繁殖季出現並繁殖的候鳥稱為「夏候鳥」，秋冬非繁殖季出現的候鳥稱為「冬候鳥」。換句話說，對同一種候鳥而言，繁殖地的人稱牠為夏候鳥，度冬地的人稱牠為冬候鳥。遷徙相當耗費能量，候鳥通常需要在某些地方短暫休息、補充食物，對當地而言，這些候鳥稱為「過境鳥」。

3. 迷鳥：因為天候或其他因素而偏離遷徙路徑的鳥種。

Hi~
我們又來了

三趾濱鷸的年度 schedule

8月

9月

往南邊遷徙

7月

10月

回繁殖地
繁殖

6月

繁殖地
度冬地

11月

5月

12月

4月

1月

遷徙 again
往北邊前進

3月

2月

到度冬地度冬

緯度遷徙

影響鳥類遷徙的原因很多，有理論指出，鳥類過去是在南半球的熱帶森林中大量繁殖演化，以致於最後當地的環境資源不足以負荷，因此，部分鳥類選擇擴展到緯度較高的區域繁殖，但是冬天來臨時，又迫使牠們返回低緯度的區域；也有另一派理論認為，部分生活在北半球高緯度區域的鳥類，隨著冬天來臨而移動到低緯度的區域度冬，隨著年復一年的一來一往，最終形成定期且定向的遷徙行為[86]。

從全球角度探討的研究指出，季節性的氣溫變動是最主要的原因，鳥類在低溫環境下必須耗費額外的能量來維持體溫，這在食物資源較少的冬季更不是件容易的事；相較之下，其他環境因子就比較不易迫使鳥類遷徙[87]。

此外，遷徙過程中也需要中途休憩站（stopover site）適時補充食物恢復體力，因此陸地與海洋的分布位置，也影響了候鳥選擇的遷移路線。例如在西伯利亞、東北及蒙古繁殖的候鳥，沿途經堪察加半島、日本、臺灣，最後經菲律賓、東南亞抵達澳洲，形成東亞－澳大拉西亞遷徙線。臺灣位於花采列嶼之中，也因此成為候鳥遷徙的重要休息站。

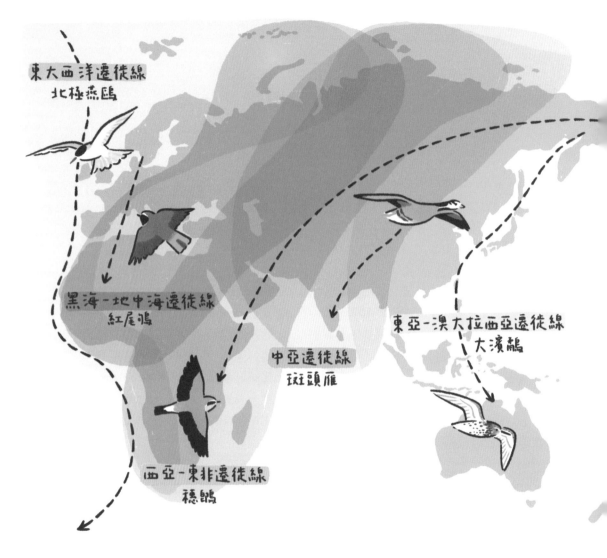

東大西洋遷徙線
北極燕鷗

黑海－地中海遷徙線
紅尾鴝

東亞－澳大拉西亞遷徙線
大濱鷸

中亞遷徙線
斑頭雁

西亞－東非遷徙線
穗鵖

遷徙線

候鳥們通常都有固定的遷徙路線（flyway），依照全球的地理分布，大致可歸納出 8 條主要的遷徙路徑，目前每年估計約有一百億隻的鳥類，在這 8 大遷徙路線進行跨緯度的遷徙[88]。

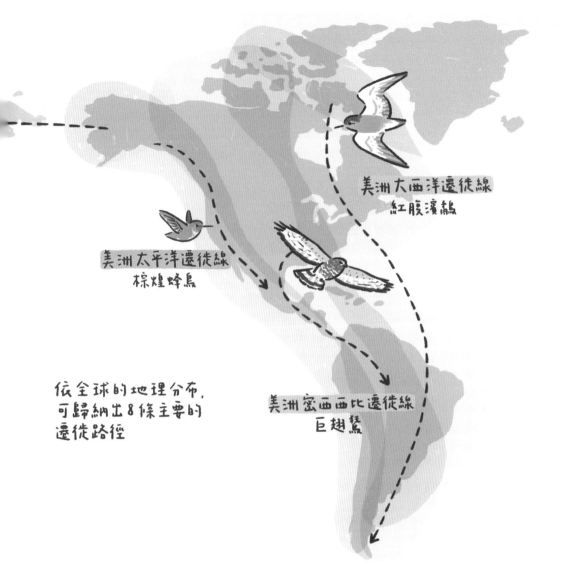

美洲大西洋遷徙線
紅腹濱鷸

美洲太平洋遷徙線
棕煌蜂鳥

美洲密西西比遷徙線
巨翅鵟

依全球的地理分布,
可歸納出8條主要的
遷徙路徑

海拔 / 境內遷徙

海拔遷徙

高山因為冬天來臨而變得更冷，食物資源也比較少，於是有些小鳥就往平地或低海拔環境遷徙，到環境適合的地方度過冬天。在海拔梯度變化大的地方，例如臺灣、喜馬拉雅山脈和安地斯山脈，海拔遷徙是非常普遍的現象，也稱為「降遷」。在臺灣，例如冠羽畫眉、紅頭山雀都有降遷的行為。

不過，有些小鳥卻剛好相反，選擇往海拔較高的環境遷徙，這樣的行為稱為「反降遷」，例如紅嘴黑鵯及五色鳥。除了可能要避免跟山上下來的小鳥競爭食物，也可能受到食物資源隨著季節而有不同海拔分布的影響[89]。

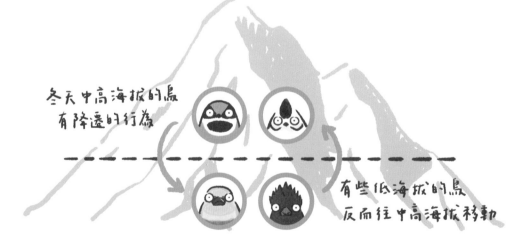

冬天中高海拔的鳥有降遷的行為

有些低海拔的鳥反而往中高海拔移動

境內遷徙

境內遷徙是指鳥類在特定範圍內因為環境變化而遷徙的行為。例如在澳洲的春天來臨時（九月），澳洲東部的大分水嶺西側，會變得更加乾燥，因而有些鳥類便從大分水嶺的西側遷徙到東側的布里斯本，例如三色帶鵐和噪八色鶇。

這樣的遷徙模式，通常遷徙距離不長，只要抵達環境合適的地方，就能安頓下來了。

短距離遷徙到
適合的環境

脂肪是飛行的重要燃料

- [X] 脂肪
- [✓] 風向
- [✓] 氣候

夠胖了嗎？

差得遠咧！

下雨、風向不對，都不利於遷徙

- [✓] 脂肪
- [X] 風向
- [X] 氣候

啊 啊 啊

Bad Day！

身體、氣候條件都OK了，那還等什麼？

- [✓] 脂肪
- [✓] 風向
- [✓] 氣候

出發！

候鳥的行前準備

當夏天接近尾聲，沒那麼熱了、日照時間也越來越短，這些季節變化會觸發鳥兒體內的荷爾蒙發生改變，好為即將展開的長途旅行做準備。

首先是吃！吃！吃！牠們會大吃特吃，把自己餵得胖胖的、儲存大量脂肪。脂肪可是飛行的重要燃料，就像開車遠行也要先幫車子加滿汽油一樣，候鳥需要囤積足夠的脂肪供遷徙過程的消耗，畢竟一旦啟程，茫茫大海上可不是隨時都能休息的。

例如黑頂白頰林鶯體重從原來約 12g，到出發前超過 20g，快要是原來的 2 倍[90]！這些脂肪讓牠們可以從美國東北部直飛 2,770 公里，3 天抵達南美洲[91]。而體重只有 3、4g 的紅喉北蜂鳥，出發前儲存了超過體重 40% 的脂肪，然後在橫越墨西哥灣的 20 個小時內就消耗完了[92]。

身體狀況準備好了，接下來還要注意天氣變化，下雨、起霧或是風向不對都不利於飛行，等到氣候條件適合了，還等什麼？馬上出發！

出師不利…

日間遷徙

許多猛禽利用白天的上升氣流遷徙

有上升氣流
省力多了!

夜間遷徙

許多小型鳥則是選擇
涼爽且氣流較穩定的晚上遷徙

晚上涼涼的,
舒服多了～

忙碌的遷徙季

遷徙季的天空，不論白天晚上都很忙碌。晴朗的白天有太陽照射，地表受熱不均而產生旋轉上升的熱氣流，許多大型鳥類或猛禽能搭這股氣流電梯盤旋升到高空，再慢慢順風滑翔飛行節省力氣。不過，體型小的鳥種因為代謝、能量消耗都比較快，有些會選擇在晚上遷徙，氣流較穩定也比較涼爽，身體不會那麼熱也減少水分流失，還可以避開那些白天遷徙的猛禽，降低被抓去吃的機率！

無論是白天或晚上遷徙各有好處，也有些候鳥不受影響，白天晚上都可以遷徙[93]。雁鴨、鷺鷥遷徙時，會排列成 V 字形飛行，當領頭鳥的翅膀劃過氣流，因為翅膀長度有限，翅膀下方的高壓氣流會繞過翼尖，往翅膀上方的低壓區流動，在兩側翼尖形成不斷往後方流動的渦流；跟在後方的鳥如果搭上前方翼尖產生的上洗氣流便車，就可以節省飛行力氣[94]。領頭的鳥得不到任何氣流的幫助也最累，所以大家會輪流當領頭鳥。

換人了啦！

利用前方的鳥翼尖
產生的氣流比較省力

該往哪飛呢？

星星

綜合各種資訊
來判斷方位

地磁

太陽

地標

氣味

導航

長途旅行時，能知道自己在哪裡，並保持正確的方向前進，是鳥類的特殊技能。其中一個方法，是感受到地球的磁場，這種感覺稱為「磁覺」。

我們需要指南針來判斷方位，但鳥類體內有「磁覺受器」，是小塊磁鐵礦，通常位在上嘴喙邊緣和鼻腔內，能感知地球磁場，依照地磁的強度由南北兩極往赤道逐漸減弱的特性，可以提供地理位置的訊息。

曾有研究人員將紐澳繡眼的上嘴喙麻醉，之後牠便對強力的磁場沒有任何反應。也有研究認為，鳥類的眼睛同時有視覺和磁覺受器，光線會刺激眼球內的「隱花色素」（crystochrome），在視網膜形成磁場的「圖像」，讓鳥得以「看見」磁場。

此外，候鳥們通常綜合各種資訊來判斷方位，如太陽的位置、山脈、河流、海岸線、建築物等景觀地標，夜間遷徙的鳥也會利用星星來指引 [95,96]。

鳥類體內有
磁覺受器

GO!

回北邊繁殖囉！

紅尾鴝公鳥比母鳥早出發，
趕快回去搶地盤！

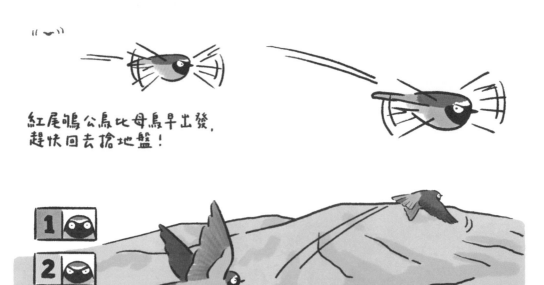

比母鳥提早約
14天抵達繁殖地

遷徙五四三

當季節開始變化，大家差不多得往溫暖的南方移動了。

相同的鳥種中，老鳥跟菜鳥、公鳥跟母鳥常有不同的出發時間或路線。例如一夫多妻制的公鳥不用照顧小孩，通常會比母鳥更早離開繁殖地；而在臺灣度冬的短耳鴞，有 75% 是母鳥，公鳥通常在緯度較高的地區度冬 [97]。

到了隔年春天，為了把握一年一度短短幾個月的繁殖季，大多數的成鳥都會趕緊飛回北方的繁殖地，尤其公鳥為了競爭繁殖領域，更是得盡速回去搶地盤，不只如此，也要爭取時間增加繁殖機會。例如，在非洲度冬的紅尾鴝，公鳥比母鳥提早約 14 天抵達歐洲的繁殖地 [98]。

然而，有些鳥種達到性成熟的時間比較長，還沒有繁殖能力的菜鳥，乾脆留在度冬地度過夏天，稱為「度夏幼鳥」。這也是為什麼有時候炎炎夏日還能看到一、兩隻黑面琵鷺，因為還沒輪到牠們這些菜鳥繁殖。

我不想長大

一些沒有繁殖能力的菜鳥，
乾脆留在度冬地

過去

現在

噢喔...

隨著沿岸逐漸開發，
棲地越來越少

不太好...
休息站越來越少

我都瀕危了

拜託
我只剩500隻

Hi～
大家過得好嗎?

三趾濱鷸（無危）　　黑尾鷸（近危）　大濱鷸（瀕危）　琵嘴鷸（極危）

160

人為開發對遷徙的威脅

長途跋涉的遷徙過程已經夠辛苦了，還可能發生許多意外狀況，萬一體力不支、遇上狂風暴雨、天敵，就很可能喪命、永遠到不了目的地，再加上人為開發的影響，要說鳥兒們是冒著生命危險遷徙一點也不為過。

以臺灣所在的東亞－澳大拉西亞遷徙線為例，每年有數百萬的遷徙性候鳥從俄羅斯東邊、阿拉斯加的繁殖地，經過中國、東南亞，飛到紐澳度過冬天，遷徙路途漫長，許多候鳥們需要停下來休息覓食、補充體力；

臺灣是這條路線上重要的中途休息站，不過近年中國沿岸大規模建設、填海造地，人工化的海岸，長度比萬里長城還要長，快速流失的溼地變成開發區貢獻 GDP，但這條遷徙路線的鳥類數量卻也嚴重下降 [99, 100]……

此外，隨著城市發展，大量的夜間照明設施形成的光害，也對夜間遷徙的候鳥造成影響。就像飛蛾撲火，許多候鳥受到城市的強烈光源吸引，撞上高樓的玻璃外牆後死亡，而光線干擾也會導致候鳥失去方向感，偏離原本的路徑 [101]。

大量夜間照明
也對候鳥造成影響

營養不良的
紅腹濱鷸菜鳥
嘴喙較短

貝類埋太深
了啦!

你怎麼辦到的?!

嘴喙
比較長

只抓到
海草

氣候改變對遷徙的威脅

每年春天北極開始融冰，氣溫上升、昆蟲跟著冒出來了，許多候鳥也剛千里迢迢飛回北極苔原繁殖。候鳥們安排好時間，讓幼鳥孵化的時候，可以搭上食物資源充沛的時期。不過因為全球氣候暖化，冰雪融化的時間比起 33 年前提早了 2 週，昆蟲大量期跟幼鳥孵化的時間錯開，食物量不足會導致這段時間出生的紅腹濱鷸幼鳥體型比較小。

營養不良的新生菜鳥開始度冬遷徙後又會遇上新的難題，變短的鳥喙讓牠們沒辦法吃到足夠的貝類（通常埋在泥灘較深處），只好改吃其他營養價值較差的食物，比起嘴喙較長的個體存活率少了一半[102]。

對這些長途遷徙的鳥種來說，遙遠的繁殖地氣候狀況難以預測，牠們內建的生理時鐘跟日照長短等判斷因素，比較難適應快速變遷的氣候。相反的，度冬地跟繁殖地距離較短的候鳥，比較容易即時反應，因應暖化而提早遷徙[103]。

不只候鳥，一些原本分布在高海拔山區的留鳥，因為氣候暖化也得往更高海拔移動討生活。研究發現，30 年來祕魯高海拔山區鳥種的分布上升、活動範圍限縮，牠們就像搭上前往滅絕的電梯，有些鳥種已失去蹤跡[104]。而臺灣的岩鷚，1992 年分布在海拔 3,550 至 3,660 公尺，2014 年的分布海拔已經上升到 3,660 公尺以上[105]。

好熱！

岩鷚的分布海拔
不斷上升

遷徙極限體能王

沿著陸地遷徙的鳥，飛累了可以尋找適合的棲地休息幾天，補充體力再繼續上路，但如果途中需飛越大片海域，就得準備充分。體型比較大的鳥可以儲存較多脂肪，飛行續航力也比較強，目前最佳紀錄保持是斑尾鷸，能從阿拉斯加一路不吃不喝 8 天直達紐西蘭，飛行 11,000 公里沒有休息[106]！

說到遷徙距離，沒人可以比得過北極燕鷗，牠們每年秋天從北極圈的繁殖地飛往進入夏天的南極度冬，遷徙距離一趟來回約 70,900 公里，如果再加上在度冬區的活動更可達 9 萬公里，是目前已知遷徙路徑最長的動物。以北極燕鷗約 30 年的壽命來算，牠們一生的遷徙距離大概可以來回月球 3 趟[107]！

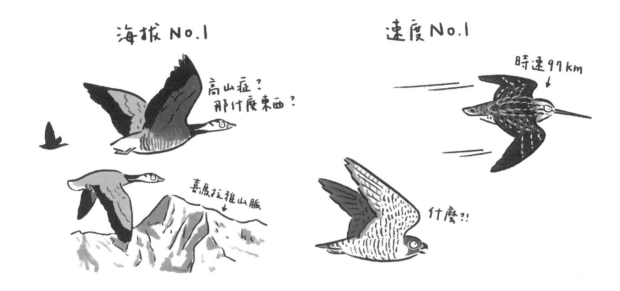

海拔 No.1

高山症？
那什麼東西？

喜馬拉雅山脈

速度 No.1

時速97km

什麼？！

斑頭雁每年從印度、緬甸等度冬地飛越喜馬拉雅山脈回到中亞繁殖，飛行高度的最高紀錄是海拔 7,000 公尺。高空的氧氣稀薄，氧氣濃度只有海平面的 10%，斑頭雁靠著牠們比較大的肺部跟密集的微血管來供應跟儲存氧氣，7 至 8 小時內可以從海平面爬升超過 6,000 公尺 [108]。

遊隼俯衝捕捉獵物的時速可達到 300 公里，是飛行速度最快的鳥類，不過如果比長跑速度，第一名寶座非斑腹沙錐莫屬，牠們的遷徙時速最快可達每小時 97 公里，不休息一路衝刺 6,800 公里，而且還是在沒有順風幫忙下達成的紀錄 [109]。

info-

鳥名小辭典、專有名詞、參考文獻

鳥名小辭典

中文名	英文名	學名	簡介
八色鳥	Fairy Pitta	*Pitta nympha*	臺灣的夏候鳥，在湖本一帶繁殖，冬天到婆羅洲過冬，數量有減少的趨勢。
大山雀	Great Tit	*Parus major*	歐洲地區相當普遍的山雀科鳥類，因此常常作為研究題材。
大巨嘴鳥	Toco Toucan	*Ramphastos toco*	原生於南美洲，大眾最熟知的巨嘴鳥。
大赤啄木	White-backed Woodpecker	*Dendrocopos leucotos*	歐亞溫帶的大型啄木鳥，臺灣的族群主要分布在高山。
大杜鵑	Common Cuckoo	*Cuculus canorus*	廣泛分布於歐亞大陸，不築巢不孵蛋，行托卵寄生，腹面擬態成雀鷹屬猛禽的樣子。
大杓鷸	Eurasian Curlew	*Numenius arquata*	大型遷徙水鳥，嘴喙又長又彎，能捕捉泥灘深處的食物，會在臺灣中部沿海度冬。
大紅鸛	Greater Flamingo	*Phoenicopterus roseus*	分布於南亞和非洲，時常大量聚集於湖中，看起來像把湖泊染成粉紅色。
大華美天堂鳥	Greater Lophorina	*Lophorina superba*	求偶時張開橢圓形的消光黑飾羽，襯托眼斑跟藍綠色胸帶，看起來像一張詭異的藍綠色笑臉。
大濱鷸	Great Knot	*Calidris tenuirostris*	東亞的遷徙水鳥，會經過臺灣，數量不多，是國際保育鳥種。
大鵰鴞	Great Horned Owl	*Bubo virginianus*	北美洲和南美洲常見的大型貓頭鷹。
小水鴨	Eurasian/Green-winged Teal	*Anas crecca*	全球廣泛分布，在臺灣是常見的度冬雁鴨，但近年有數量減少的趨勢。

2畫

3畫

中文名	英文名	學名	簡介
小環頸鴴	Little Ringed Plover	*Charadrius dubius*	臺灣常見的小型鴴類，常在沿海泥灘地或水稻田聚集，捕食灘地表面的獵物。
小鸊鷉	Little Grebe	*Tachybaptus ruficollis*	廣泛分布於歐亞非的常見水鳥，會潛入水中覓食。
叉尾太陽鳥	Fork-tailed Sunbird	*Aethopyga christinae*	分布在中國東南部、越南，金門也看得到，會吸食花蜜。
山麻雀	Russet Sparrow	*Passer cinnamomeus*	臺灣嚴重受脅的麻雀，和一般常見的麻雀分屬不同物種，臉頰沒有黑斑，羽色偏紅。
三色帶鴴	Banded Lapwing	*Vanellus tricolor*	分布在澳洲，乾季會從內陸遷徙到沿海地區的鳥類。
三趾濱鷸	Sanderling	*Calidris alba*	遷徙水鳥，會成群在海灘奔跑覓食，看起來像追著海浪，在臺灣屬於冬候鳥。
反嘴鴴	Pied Avocet	*Recurvirostra avosetta*	嘴喙上翹的特殊水鳥，覓食的時候會用嘴喙在水中左右掃動，在臺灣屬於冬候鳥。
太平洋金斑鴴	Pacific Golden Plover	*Pluvialis fulva*	在臺灣屬於冬候鳥，幼鳥體色可隱蔽在草澤溼地上。
水雉	Pheasant-tailed Jacana	*Hydrophasianus chirurgus*	分布在印度、東南亞等地，在臺灣特別集中在臺南官田地區的菱角田繁殖，採一妻多夫制。
五色鳥	Taiwan Barbet	*Psilopogon nuchalis*	臺灣特有的擬啄木，廣泛分布於低海拔地區，會自行挖掘樹洞繁殖，聲音像敲木魚。

4 畫

中文名	英文名	學名	簡介
北美松雞	Greater Sage-Grouse	*Centrocercus urophasianus*	北美洲的大型野雞，會有許多個體聚集在求偶場，鼓動胸口兩個黃色囊袋求偶。
北美星鴉	Clark's Nutcracker	*Nucifraga columbiana*	分布於北美洲西北部山區，會儲藏種子還能記得上千個儲藏地點。
北雀鷹	Eurasian Sparrowhawk	*Accipiter nisus*	歐亞溫帶地區的小型遷徙猛禽，少數個體會在臺灣度冬。
北極燕鷗	Arctic Tern	*Sterna paradisaea*	遷徙距離最長的小鳥，每年來回南北極一次。
北鴞鸚	Northern Pygmy Owl	*Glaucidium gnoma*	分布於北美洲西部山區的小型貓頭鷹。
白頭海鵰	Bald Eagle	*Haliaeetus leucocephalus*	美國大老鷹就是指這種鳥，是美國國鳥，廣泛分布於美國北部和加拿大。
白鶺鴒	White Wagtail	*Motacilla alba*	臺灣常見的繁殖鳥和冬候鳥，走路的時候尾巴會上下擺動，偏好在都市亮光處集體夜棲。
巨嘴刺噪鶯	Large-billed Gerygone	*Gerygone magnirostris*	分布於澳洲北部和新幾內亞，同類鳥類中嘴喙特別粗壯的鳥種。
巨翅鵟	Broad-winged Hawk	*Buteo platypterus*	美洲的遷徙性猛禽。
穴鴞	Burrowing Owl	*Athene cunicularia*	分布在美洲，會在巢洞口擺大便，捕食被大便吸引過來的昆蟲。
地山雀	Ground Tit	*Pseudopodoces humilis*	分布在印度、尼泊爾、中國，以前以為是一種烏鴉，結果研究發現其實是一種山雀。
灰林鴞	Tawny Owl	*Strix aluco*	廣泛分布於歐亞大陸的中型貓頭鷹。

5 畫

6 畫

169

中文名	英文名	學名	簡介
灰面鵟鷹	Grey-faced Buzzard	*Butastur indicus*	臺灣主要過境猛禽之一，主要在十月中旬過境，又稱為國慶鳥。
灰斑鶲	Grey-streaked Flycatcher	*Muscicapa griseisticta*	分布於東亞的遷徙陸鳥，也會在臺灣出現，有飛回固定枝頭等待飛蟲的習性。
灰頭鷦鶯	Yellow-bellied Prinia	*Prinia flaviventris*	臺灣常見的草生地鳥類，叫聲聽起來像台語的「氣死你得賠」。
灰藍燈草鵐	Dark-eyed Junco	*Junco hyemalis*	廣泛分布於北美洲的小型鳥類。
尖尾鴨	Northern Pintail	*Anus acuta*	會在臺灣度冬的遷徙雁鴨，雄鳥尾羽特別細長上翹而得名，數量相當多。
西方六線天堂鳥	Western Parotia	*Parotia sefilata*	頭頂上有六根細線形冠羽，求偶時會搖動頭部和冠羽來吸引雌鳥。
西方大葦鶯	Great Reed Warbler	*Acrocephalus arundinaceus*	分布於歐洲的鶯科鳥類。
西伯利亞白鶴	Siberian Crane	*Leucogeranus leucogeranus*	嚴重瀕危的鶴類，在遠東地區繁殖、鄱陽湖度冬，曾有一隻幼鳥迷航到金山。
壯麗細尾鷦鶯	Superb Fairywren	*Malurus cyaneus*	澳洲常見的小型鳥，偏好草生地，時常結小群活動。
赤腰燕	Striated Swallow	*Cecropis striolata*	臺灣常見的燕子，也會在屋簷築巢。
吸蜜蜂鳥	Bee Hummingbird	*Mellisuga helenae*	分布於古巴，全球體型最小的鳥類，比全球體型最大的鳥類 (鴕鳥) 的眼睛還小。
東方環頸鴴	Kentish Plover	*Charadrius alexandrinus*	臺灣常見的小型鴴類，常常在沿海泥灘地上捕食灘地表面的獵物。

7 畫

8 畫

中文名	英文名	學名	簡介
東美鳴角鴞	Eastern Screech-Owl	*Megascops asio*	分布於美東的小型貓頭鷹，羽衣和樹幹紋路相似。
非洲灰鸚鵡	Grey Parrot	*Psittacus erithacus*	原生於剛果雨林，是瀕危物種，建議避免飼養。
非洲侏隼	Pygmy Falcon	*Polihierax semitorquatus*	分布於非洲的小型隼類猛禽，體長只有約 20 公分，以昆蟲為主食。
林岩鷚	Dunnock	*Prunella modularis*	分布於歐洲，繁殖時容易被大杜鵑托卵寄生。
林鸛	Wood Stork	*Mycteria americana*	廣泛分布於中南美洲的大型水鳥，會在腳上排泄來散熱。
花雀	Brambling	*Fringilla montifringilla*	分布於歐亞大陸溫帶地區的小型陸鳥，少數個體會在臺灣度冬。
青足鷸	Common Greenshank	*Tringa nebularia*	臺灣常見的度冬水鳥，近年數量有減少的跡象，但還不明顯。
長耳鴞	Long-eared Owl	*Asio otus*	偏好森林的遷徙性貓頭鷹，頭上有兩簇長長的角羽，在臺灣為冬候鳥。
長尾山雀	Long-tailed Tit	*Aegithalos caudatus*	歐亞溫帶的常見鳥類，從西歐延伸到日本都有，會行合作生殖。
長尾嬌鶲	Long-tailed Manakin	*Chiroxiphia linearis*	分布於中美洲，公鳥會一起合作跳求偶舞吸引雌鳥。
長尾縫葉鶯	Common Tailorbird	*Orthotomus sutorius*	東南亞常見的小型鳥類，會將樹葉縫起來做巢。
岩雷鳥	Rock Ptarmigan	*Lagopus muta*	棲息在高緯度地區，冬季下雪時羽色換為全白的鳥類。

中文名	英文名	學名	簡介
岩鷚	Alpine Accentor	*Prunella collaris*	棲息於臺灣高海拔山區，常常在岩石裸露的草生地活動。
油鴟	Oilbird	*Steatorniscaripensis*	分布於南美洲北部，會使用回聲定位的夜行性鳥類。
美洲山鷸	American Woodcock	*Scolopax minor*	廣泛分布於美國東部的鳥類，單眼視覺很廣，幾乎可看到身後的景象。
美洲尖尾鷸	Pectoral Sandpiper	*Calidris melanotos*	美洲的遷徙水鳥，夏季在北半球的苔原繁殖，冬季遷徙到南美洲南部。
美洲短嘴鴉	American Crow	*Corvus brachyrhynchos*	廣泛分布於美加地區，非常普遍的烏鴉，會記得仇人的長相。
南極賊鷗	South Polar Skua	*Stercorarius maccormicki*	會搶奪其他鳥類食物的兇猛海鳥，在南極洲繁殖，會在各大海域活動。
流蘇鷸	Ruff	*Calidris pugnax*	繁殖羽非常浮誇的水鳥，會到臺灣度冬，不過只看得到單調的冬羽。
冠羽畫眉	Taiwan Yuhina	*Yuhina brunneiceps*	行合作生殖，常見兩對以上的親鳥一起孵蛋育雛的臺灣特有種。
冠擬椋鳥	Crested Oropendola	*Psarocolius decumanus*	分布於亞馬遜盆地，會以細草莖編織鳥巢垂掛在樹上。
軍艦鳥	Great Frigatebird	*Fregata minor*	大型海鳥，不會游泳潛水，只能捕捉海面上或搶其他海鳥的食物，臺灣海域也有出現的紀錄。
皇帝企鵝	Emperor Penguin	*Aptenodytes forsteri*	分布在南極，和國王企鵝分屬於不同鳥種，是體型最大的企鵝。
紅尾鴝	Common Redstart	*Phoenicurus phoenicurus*	廣泛分布於歐洲的小型鳥類，冬天遷徙到非洲中部度冬。

9 畫

中文名	英文名	學名	簡介
紅背伯勞	Red-backed Shrike	*Lanius collurio*	分布於歐洲的伯勞，但 2010 年在臺灣有一隻個體出現。
紅隼	Common Kestrel	*Falco tinnunculus*	小型隼科猛禽，在臺灣為冬候鳥，偏好開闊環境。
紅頂嬌鶲	Red-capped Manakin	*Ceratopipra mentalis*	分布於中美洲，會表演特殊的「月球漫步」來求偶。
紅喉北蜂鳥	Ruby-throated Hummingbird	*Archilochus colubris*	美東地區的遷徙性蜂鳥，可以橫越墨西哥灣到中美洲度冬。
紅腹八色鶇	Red-bellied Pitta	--	分布在菲律賓、印尼、新幾內亞的八色鳥，一下子拆成 13 種不同種類，讓賞鳥人必須重新追鳥種。
紅腹濱鷸	Red Knot	*Calidris canutus*	中大型水鳥，遷徙時會經過臺灣，再繼續往澳洲前進，數量正在減少。
紅寡婦鳥	Southern Red Bishop	*Euplectes orix*	寄生織巢鳥的寄生對象，兩者的雌鳥外觀相似，難以區分。
紅領瓣足鷸	Red-necked Phalarope	*Phalaropus lobatus*	沿著海岸遷徙的水鳥，容易被夜間燈光吸引，曾經亂入臺灣的棒球場。
紅頭山雀	Black-throated Tit	*Aegithalos concinnus*	臺灣常見的小型鳥類，主要分布在中海拔山區，時常結群活動。
紅頭美洲鷲	Turkey Vulture	*Cathartes aura*	廣泛分布於美洲，嗅覺敏銳，以腐肉為食。
紅嘴黑鵯	Black Bulbul	*Hypsipetes leucocephalus*	嘴喙和腳為紅色，全身羽毛黑色，夏天在平地活動，冬天到山區活動，以果實為主食。
粉紅鸚嘴	Vinous-throated Parrotbill	*Sinosuthora webbiana*	偏好草生地的鳥類，臺灣的族群數量正在減少。

10 畫

中文名	英文名	學名	簡介
紐澳繡眼	Silvereye	*Zosterops lateralis*	分布於澳洲及紐西蘭的繡眼科鳥類，以花蜜為主食。
栗小鷺	Cinnamon Bittern	*Ixobrychus cinnamomeus*	亞洲特有的栗色小型鷺鷥，常伸長脖子、抬高嘴喙隱身在草叢中。
栗翅鷹	Harris's Hawk	*Parabuteo unicinctus*	拉丁美洲的猛禽，有合作狩獵的習性，是常見的馴化猛禽。
栗喉蜂虎	Blue-tailed Bee-eater	*Merops philippinus*	夏天在金門繁殖的候鳥，主要捕食昆蟲而得名，沒機會去金門的話臺北市立動物園也能看到。
庫氏鷹	Cooper's Hawk	*Accipiter cooperii*	北美洲的常見雀鷹屬猛禽。
高蹺鴴	Black-winged Stilt	*Himantopus himantopus*	臺灣常見的冬候鳥，有一雙紅色的長腿，時常上千隻成群聚集。
家麻雀	House Sparrow	*Passer domesticus*	另一種廣泛分布歐洲和西亞的麻雀，但在北美洲和南半球是優勢的外來入侵種。
家燕	Barn Swallow	*Hirundo rustica*	春夏會在臺灣騎樓下築巢的燕子，容易觀察。
隼形目	Falconiformes	--	以前大家以為跟老鷹的親緣關係比較接近的一群猛禽，但其實跟鸚鵡比較接近。
茶腹鳾	Eurasian Nuthatch	*Sitta europaea*	臺灣中海拔的鳥類，能在樹幹上快速走動，啄食樹皮縫隙間的蟲。
草地鷚	Meadow Pipit	*Anthus pratensis*	分布於歐洲的鶺鴒科鳥類，相當耐溫帶甚至寒帶氣候，能在冰島和格陵蘭繁殖。

中文名	英文名	學名	簡介
倉鴞	Barn Owl	*Tyto alba*	除了東亞之外，幾乎全球廣泛分布，典型的草鴞科猛禽。
麻雀	Eurasian Tree Sparrow	*Passer montanus*	應該是大家最熟悉的小鳥！近年有數量減少的趨勢。
國王企鵝	King Penguin	*Aptenodytes patagonicus*	分布在南極，體型第二大的企鵝。
寄生織巢鳥	Parasitic Weaver	*Anomalospiza imberbis*	分布於非洲東部的織巢鳥，會行托卵寄生。
雀形目	Passeriformes	--	鳥類中最龐大的類群，幾乎一半的鳥種屬於雀形目。
彩鷸	Greater Painted-Snipe	*Rostratula benghalensis*	一妻多夫的水鳥，雌鳥四處繁殖，雄鳥負責孵蛋和育雛。
崖海鴉	Common Guillemot	*Uria aalge*	長得像企鵝的海雀科鳥類，分布在北極圈附近海域。
魚鷹	Osprey	*Pandion haliaetus*	一種全世界都有、抓魚吃的猛禽，但如果魚的力氣比較大，魚鷹會被拖進水裡而淹死。
斑尾鷸	Bar-tailed Godwit	*Limosa lapponica*	可以不落地從阿拉斯加飛到紐西蘭的候鳥，旅程約 11,000 公里。
斑腹沙錐	Great Snipe	*Gallinago media*	遷徙時速最快可達每小時 97 公里，不休息一路飛 6,800 公里，從北歐到非洲度冬的水鳥。
斑頭雁	Bar-headed Goose	*Anser indicus*	遷徙的飛行高度最高的鳥類，能從中亞的繁殖地飛越喜馬拉雅山脈，抵達南亞度冬。
普通林鴟	Common Potoo	*Nyctibius griseus*	分布於中南美洲，外觀與夜鷹相似，會站著不動偽裝成樹幹。

11畫

12畫

中文名	英文名	學名	簡介
普通雨燕	Common Swift	*Apus apus*	歐洲常見的雨燕，不只能邊飛邊睡覺，連吃喝拉撒、甚至交配都可以邊飛邊完成。
普通翠鳥	Common Kingfisher	*Alcedo atthis*	廣泛分布於歐亞、東南亞，常常佇立在水邊等著抓魚的翠綠色小鳥。
琵嘴鴨	Northern Shoveler	*Spatula clypeata*	會在臺灣度冬的遷徙雁鴨，嘴喙成湯匙狀而得名。
琵嘴鷸	Spoon-billed Sandpiper	*Calidris pygmaea*	嚴重瀕危的遷徙水鳥，嘴喙尖端形狀像湯匙，目前有跨國合作的保育計畫。
短耳鴞	Short-eared Owl	*Asio flammeus*	偏好草原的遷徙性貓頭鷹，頭上有兩簇短短的角羽，會在臺灣及金門度冬。
聒噪吸蜜鳥	Noisy Miner	*Manorina melanocephala*	分布在澳洲東部，都市中的優勢鳥類，攻擊性強，許多原生小鳥因為競爭不過牠而數量減少。
黑尾鷸	Black-tailed Godwit	*Limosa limosa*	臺灣的過境水鳥，長嘴喙能捕捉泥灘深處的食物。
黑枕藍鶲	Black-naped Monarch	*Hypothymis azurea*	臺灣常見的留鳥，頭胸背為藍色，中南部較為常見。
黑背信天翁	Laysan Albatross	*Phoebastria immutabilis*	分布於北太平洋海域，在信天翁中體型算是偏小的，在各大小島嶼繁殖。
黑美洲鷲	American Black Vulture	*Coragyps atratus*	廣泛分布拉丁美洲的食腐性鳥類，以腐肉為食。
黑面琵鷺	Black-faced Spoonbill	*Platalea minor*	東亞特有鳥類，嘴喙黑黑長長像飯匙，一半以上族群在臺灣過冬，是知名的復育成功案例。

中文名	英文名	學名	簡介
黑頂山雀	Black-capped Chickadee	*Poecile atricapillus*	美洲常見鳥類，會用鳴叫聲提醒同伴附近有掠食者。
黑頂白頰林鶯	Blackpoll Warbler	*Setophaga striata*	美洲的小型陸鳥，遷徙前會讓自己的體重成長兩倍，能直飛 3,000 公里、3 天不休息到南美洲度冬。
黑剪嘴鷗	Black Skimmer	*Rynchops niger*	下嘴喙比上嘴喙長的燕鷗，會張嘴劃過水面飛行來覓食，分布在美洲。
黑喉嚮蜜鴷	Greater Honeyguide	*Indicator indicator*	分布於非洲，發現蜂巢時會發出叫聲，引導人類去找到蜜源，再取食剩下的蜂蜜及蜂蠟，行托卵寄生。
黑頰蜂鳥	Black-chinned Hummingbird	*Archilochus alexandri*	北美洲常見的蜂鳥，是庭院裡花蜜餵食器的常客。
黑頭鴨	Black-headed Duck	*Heteronetta atricapilla*	分布於南美洲南部，會行托卵寄生的雁鴨。
琴鳥	Superb Lyrebird	*Menura novaehollandiae*	擅長模仿各種聲音，分布於澳洲的森林。
智利紅鸛	Chilean Flamingo	*Phoenicopterus chilensis*	分布於南美洲南部的紅鸛。
紫喉加利蜂鳥	Purple-throated Carib	*Eulampis jugularis*	分布於西印度群島東部的小島上，會根據經驗提早抵達蜜源位置。
棕背伯勞	Long-tailed Shrike	*Lanius schach*	臺灣的繁殖伯勞，東部數量較多，但數量正在減少。
棕胸金鵑	Little Bronze-Cuckoo	*Chrysococcyx minutillus*	棲息在澳洲東北部的小型杜鵑
棕煌蜂鳥	Rufous Hummingbird	*Selasphorus rufus*	美西的遷徙性蜂鳥，從阿拉斯加到墨西哥的遷徙距離超過 3,000 公里。

中文名	英文名	學名	簡介
棕腹鷹鵑	Hodgson's Hawk-Cuckoo	*Hierococcyx nisicolor*	分布在亞洲南部、印尼，會行托卵寄生，幼鳥翼肩的黃色羽毛，能刺激寄主的親鳥餵食。
福格科普華美天堂鳥	Vogelkop Lophorina	*Lophorina niedda*	跟大華美天堂鳥長得很像，但 2018 年獨立為新種，求偶舞跟大華美天堂鳥也有差異。
雷仙島鴨	Laysan Duck	*Anas laysanensis*	全世界分布範圍最小的鳥，只有 3 平方公里左右。
葵花鳳頭鸚鵡	Sulphur-crested Cockatoo	*Cacatua galerita*	原生於澳洲，也是常見的寵物鸚鵡。
群居織巢鳥	Sociable Weaver	*Philetairus socius*	分布在非洲南部，會集體在同一棵樹上築巢繁殖，數量可達 50 至 60 對。
新喀里多尼亞鴉	New Caledonian Crow	*Corvus moneduloides*	因為善用工具覓食而聲名大噪的烏鴉，會用樹枝把樹洞裡的蟲挖出來吃掉。
遊隼	Peregrine Falcon	*Falco peregrinus*	廣泛分布全球的隼，在臺灣有繁殖族群。
暗灰喉鴝鶯	Slate-throated Redstart	*Myioborus miniatus*	中南美洲的鳥類，運用黑白尾羽開合驚飛昆蟲來捕食。
漂泊信天翁	Wandering Albatross	*Diomedea exulans*	兩邊翅膀打開來最大的鳥類，超過 3 公尺，族群受脅，數量正在減少。
臺灣夜鷹	Savanna Nightjar	*Caprimulgus affinis*	近年由河床灘地擴張到都市生存的鳥類，繁殖時「追、追、追」鳴唱聲大，常常引起噪音困擾。
臺灣藍鵲	Taiwan Blue Magpie	*Urocissa caerulea*	行合作生殖，兄姊幫忙父母照顧弟妹的臺灣特有種。
綠繡眼	Swihoe's White-eye	*Zosterops simplex*	又稱斯氏繡眼，是臺灣的常見鳥類，都市環境也能生存。

13 畫

14 畫

中文名	英文名	學名	簡介
蒼鷹	Northern Goshawk	*Accipiter gentilis*	大型的雀鷹屬猛禽，廣泛分布在北半球溫帶，偶爾有機會在臺灣見到。
墨西哥叢鴉	Mexican Jay	*Aphelocoma wollweberi*	分布在美國西南部及墨西哥山區，會捕食蜂鳥的蛋和幼鳥。
緞藍園丁鳥	Satin Bowerbird	*Ptilonorhynchus violaceus*	會蒐集各種天然及人工材料布置鳥巢，藉此吸引雌鳥的鳥類，主要分布於澳洲。
褐脇鷦鶯	Tawny-flanked Prinia	*Prinia subflava*	非洲常見的鷦鶯，時常被寄生織巢鳥下蛋寄生。
褐頭牛鸝	Brown-headed Cowbird	*Molothrus ater*	廣泛分布於北美洲，會行托卵寄生。
劍喙蜂鳥	Sword-billed Hummingbird	*Ensifera ensifera*	相對來說鳥喙最長的蜂鳥，比牠的身體還要長，所以常常登上科普書，分布在南美洲。
歐洲綠鸕鷀	European Shag	*Phalacrocorax aristotelis*	分布在歐洲、地中海沿岸的鸕鷀，會跟著同伴動作覓食。
歐亞鴝	European Robin	*Erithacus rubecula*	廣泛分布於歐洲，歐洲人講 robin 通常是指這種鳥，才不是不知所云的知更鳥。
歐洲椋鳥	Common Starling	*Sturnus vulgaris*	原生於歐洲的紫色椋鳥，但目前是廣布世界的外來種。
歐亞喜鵲	Common Magpie	*Pica pica*	廣泛分布於歐洲及亞洲，知道鏡中的成像是自己。
橙嘴藍臉鰹鳥	Nazca Booby	*Sula granti*	分布於中南美洲西部外海，研究發現兄姊會將幼小的弟妹拖出巢外丟棄。
噪八色鶇	Noisy Pitta	*Pitta versicolor*	分布在澳洲及新幾內亞，乾季會從內陸遷徙到沿海地區的鳥類。

15 畫

16 畫

中文名	英文名	學名	簡介
澤鵟	harrier	--	棲息於濕地草澤的猛禽，獵捕鳥類或其他濕地裡的獵物。
澳洲鐘鵲	Australian Magpie	*Gymnorhina tibicen*	澳洲特有的小鳥，領域性強，繁殖季時會攻擊路人。
澳洲鵜鶘	Australian Pelican	*Pelecanus conspicillatus*	分布於澳洲，相當普遍，公園或校園的水池就能棲息。
澳洲白䴉	Australian White Ibis	*Threskiornis molucca*	澳洲最會翻垃圾，還會從人類手中搶食物的鳥，當地人稱 bin chicken（垃圾鳥）。
戴勝	Eurasian Hoopoe	*Upupa epops*	分布在歐亞非大陸，在金門是留鳥，黃褐色的羽毛加上頭上的冠羽很容易辨識。
鴿子／野鴿	Rock Dove	*Columba livia*	原生於南亞，廣泛分布世界各地的外來種。
鴴科	Charadriidae	--	鳥喙較短的小型水鳥，主要獵食泥灘地表面活動的獵物。
環頸雉	Common Pheasant	*Phasianus colchicus*	廣泛分布於亞洲，臺灣有特有亞種族群也有外來族群。有和桃太郎去打鬼的經驗。
穗䳭	Northern Wheatear	*Oenanthe oenanthe*	雀形目鳥類當中，遷徙距離最長的鳥類，能從阿拉斯加飛越整個亞洲到非洲度冬。
翻石鷸	Ruddy Turnstone	*Arenaria interpres*	喜歡翻石頭找食物吃的小型水鳥，會在臺灣中部沿海度冬。
藍山雀	Blue Tit	*Cyanistes caeruleus*	歐洲常見的山雀，常常被當作研究對象。

17 畫

18 畫

180

中文名	英文名	學名	簡介
藍孔雀	Indian Peafowl	*Pavo cristatus*	原生於印度，是時常圈養或展示的鳥種，在金門有外來族群。
藍鸌	Blue Petrel	*Halobaena caerulea*	分布於南半球海域的小型海鳥，靠近海面飛行覓食，嗅覺敏銳。
繡眼畫眉	Morrison's Fulvetta	*Alcippe morrisonia*	臺灣特有種，分布於中低海拔山區。
麗色裙天堂鳥	Magnificent Riflebird	*Ptiloris magnificus*	求偶時會張開雙翼，左右擺動頭部，展示胸前亮麗的藍色羽毛來吸引雌鳥。
藪鳥	Steere's Liocichla	*Liocichla Steerii*	臺灣特有種，斯文豪命名的最後一種小鳥，不久後斯文豪就過世了。
蘆葦鶯	Eurasian Reed Warbler	*Acrocephalus scirpaceus*	廣泛分布於歐洲的鶯科鳥類，偏好於水邊的高草生地活動。
麝雉	Hoatzin	*Opisthocomus hoazin*	長得像始祖鳥 (但不是) 的鳥類，幼鳥的翅膀有爪，鳥喙邊緣鋸齒狀，以樹葉為主食。
鶴鷸	Spotted Redshank	*Tringa erythropus*	遷徙水鳥，在臺灣是不常見到的冬候鳥。
鷸鴕	kiwi	--	紐西蘭的特有鳥類，一共有五種，不會飛行，鳥蛋占身體比例最大的鳥類。
鷹形目	Accipitriformes	--	包含各種日行性猛禽的分類群，例如鷹、鵰、鷲、鳶等。
鸚鵡目	Psittaciformes	--	包含各種鸚鵡的分類群。

專有名詞

中文名	英文	解釋
一夫一妻制	monogamy	動物的婚配形式之一，一隻雄性與一隻雌性配對。
一夫多妻制	polygyny	動物的婚配形式之一，一隻雄性與多隻雌性配對。
一妻多夫制	polyandry	動物的婚配形式之一，多隻雄性與一隻雌性配對。
二甲基硫醚	dimethyl sulfide, DMS	某些蛋白質分解後會產生的揮發性物質，會散發海鮮般的氣味，能吸引海鳥。
乞食聲	begging call	幼鳥索求食物時發出的鳴叫聲。
不同步孵化	asynchronous hatching	一個鳥巢中多顆鳥蛋不同時間孵化的現象。
托卵寄生	brood parasitism	把蛋產在其他鳥類的巢中，由對方孵蛋和育幼的現象。
同步孵化	synchronous hatching	一個鳥巢中多顆鳥蛋同時間孵化的現象。
共用一巢制	joint nesting system	合作生殖的形式之一，由多對以上的個體共用相同的巢完成繁殖過程，參與的成體都會產下後代。
合作生殖	cooperative breeding	一對以上的生物個體共同完成繁殖過程的現象。
羽衣	plumage	一隻鳥身上所有羽毛的通稱。
求偶場	lek	動物集體求偶的固定場域。
並系群	paraphyletic group	演化支序上，一個共同祖先的部分後代生物的集合群。
泄殖腔之吻	cloacal kiss	鳥類交配時，泄殖腔互相接觸的行為。
性擇	sexual selection	生物因繁殖需求而引起的演化機制。
飛鳴聲	flight call	鳥類飛行時發出的鳴叫聲。
食繭	pellet	食物中無法消化的部分，如骨頭、羽毛等，會在鳥類的消化道中擠成一團吐出來。

1畫 · **2畫** · **3畫** · **4畫** · **6畫** · **7畫** · **8畫** · **9畫**

中文名	英文名	解釋
胃蛋白酶	pepsin	脊椎動物胃液中的一種消化酵素。
逆流交換機制	countercurrent exchange	透過不同流向和血液溫度的血管維持體溫恆定的機制。
逆雌雄二型性	reversed sexual dimorphism	雄性和雌性外觀明顯不同，且狀況與多數生物相反，例如雌性較鮮艷或較高大。
趾行動物	digitigrade	只用腳趾頭接觸地面來移動的動物，例如貓、狗、鳥、大象、恐龍。
偽裝	camouflage	動物外觀與周遭不會引起掠食者興趣的物體相似，可避免被發現。
偶外配對	extra-pair copulation	就是動物的外遇啦，動物和配偶以外的個體繁殖的行為。
單系群	monophyletic group	演化支序上，一個共同祖先的所有後代生物的集合群。
盜食寄生	kleptoparasitism	搶其他動物到手的食物來吃的覓食方式。
稀釋效應	dilution effect	動物集結成群時，降低自己被掠食者捕食的機率。
紫外線	Ultraviolet, UV	波長 200 奈米到 400 奈米之間的電磁波。
過境休息站	stop-over site	鳥類遷徙時，中途休息補充食物的地點。
群聚滋擾聲	mobbing call	鳥類聚集驅趕掠食者的鳴叫聲。
鳴叫	call	鳥類用於其他功能的聲音，例如警戒，通常聲音單調。
鳴唱	song	鳥類主要用來求偶和宣示領域的聲音，通常旋律多變。
孵卵斑	brood patch	鳥類孵蛋時，腹部羽毛脫落、皮膚裸露的區塊，可以更有效傳熱。
雌雄二型性	sexual dimorphism	雄性和雌性個體外觀明顯不同的現象。

10 畫

11 畫

12 畫

13 畫

14 畫

中文名	英文	解釋
踏地獵食	foot-trembling	鳥類藉由踩踏土地，驚擾土中生物活動而藉機覓食的行為。
彈性嘴喙	rhynchokinesis	有些鷸類水鳥的嘴喙具有彈性，可以向上彎曲翹起，以便在泥中覓食。
蹄行動物	unguligrade	只用整個蹄接觸地面來移動的動物，例如馬。
幫手制	helpers-at-the-nest	合作生殖的形式之一，另有幫手分擔繁殖工作，幫手通常是較早出生的兄姊，不一定會在幫忙時產下後代。
擬傷行為	injury feigning	親鳥假裝受傷，讓掠食者遠離幼鳥的策略。
擬態	mimicry	生物之間有相似的外觀，模仿的一方因此可以獲得好處，例如降低被掠食者捕食的風險。
聯繫聲	contact call	鳥類發出用於和同伴溝通的鳴叫聲。
趨同演化	convergent evolution	親緣關係甚遠的生物之間，因棲息於相似環境而演化出相似的外觀。
蟄伏	torpor	鳥類休息時降低體溫及代謝速度，減緩能量需求的狀態。
隱花色素	cryptochrome	動植物體內皆有的藍光受器，會影響生物的生長發育、周期和日夜作息。
蹠行動物	plantigrade	用整個腳掌接觸地面來移動的動物，例如人類。
警戒聲	alarm call	鳥類發出用於警戒的鳴叫聲。

15 畫

16 畫

17 畫

18 畫

20 畫

參考文獻

1. IOC World Bird List VERSION 10.2.

2. Collar et al. 2015. The number of species and subspecies in the Red-bellied Pitta Erythropitta erythrogaster complex, a quantitative analysis of morphological characters. Forktail 31, 13-23.

3. Jetz W et al. 2012. The global diversity of birds in space and time. Nature 491, 444-448.

4. Prum R et al.2015. A comprehensive phylogeny of birds (Aves) using targeted next-generation DNA sequencing. Nature 526, 569-573.

5. Newton I. 2003. The speciation and biogeography of birds. Academic Press.

6. Estrella SM, Masero JA. 2007. The use of distal rhynchokinesis by birds feeding in water. Journal of Experimental Biology 210, 3757-3762.

7. Chang YH, Ting LH. 2017. Mechanical evidence that flamingos can support their body on one leg with little active muscular force. Biology letters, 13(5), 20160948.

8. Godefroit P et al. 2014. A Jurassic ornithischian dinosaur from Siberia with both feathers and scales. Science 345, 451-455.

9. Stevens, M. et al. 2017. Improvement of individual camouflage through background choice in ground-nesting birds. Nature Ecology & Evolution 1, 1325.

10. Burton, R. F. 2008. The scaling of eye size in adult birds, relationship to brain, head and body sizes. Vision Research 48, 2345-2351.

11. Fernández-Juricic, E et al. 2004. Visual perception and social foraging in birds. Trends in Ecology & Evolution 19, 25-31.

12. Siefferman L. 2007. Sexual dichromatism, dimorphism, and condition-dependent coloration in blue-tailed bee-eaters. The Condor 109, 577-584.

13. Viitala J et al. 1995. Attraction of kestrels to vole scent marks visible in ultraviolet light. Nature 373, 425-427.

14. Šulc, M et al. 2015. Birds use eggshell UV reflectance when recognizing non-mimetic parasitic eggs. Behavioral Ecology 27, 677-684.

15. Jourdie V et al. 2004. Ultraviolet reflectance by the skin of nestlings. Nature 431, 262.

16. Bize P et al. 2006. A UV signal of offspring condition mediates context-dependent parental favouritism. Proceedings of the Royal Society B, Biological Sciences 273. .

17. Brinkløv S et al. 2013. Echolocation in Oilbirds and swiftlets. Frontiers in Physiology 4, 123.

18. Cunningham SJ et al. 2010. Bill morphology or Ibises suggests a remote-tactile sensory system for prey detection. The Auk 127, 308–316.

19. Piersma T et al. 1998. A new pressure sensory mechanism for prey detection in birds, the use of principles of seabed dynamics?. Proceedings of the Royal Society of London Biological Sciences 265, 1377-1383.

20. Senevirante SS, Jones IL. 2008. Mechanosensory function for facial ornamentation in the whiskered auklet, a crevice-dwelling seabird. Behavioral Ecology 19,784-790.

21. Thorogood R et al. 2018. Social transmission of avoidance among predators facilitates the spread of novel prey. Nature Ecology & Evolution 2, 254.

22. Martin GR et al. 2007. Kiwi forego vision in the guidance of their nocturnal activities. Plos ONE 2, e198.

23. Grigg NP et al. 2017. Anatomical evidence for scent guided foraging in the turkey vulture. Scientific Reports 7, 1-10.

24. Nevitt GA et al. 2008. Evidence for olfactory search in wandering albatross, Diomedea exulans. PNAS 105, 4576-4581.

25. Leclaire S et al. 2017. Blue petrels recognize the odor of their egg. Journal of Experimental Biology 220, 3022-3025.

26. Whittaker DJ et al. 2019. Experimental evidence that symbiotic bacteria produce chemical cues in a songbird. Journal of Experimental Biology 222, jeb202978.

27. Kahl JrMP. 1963. Thermoregulation in the wood stork, with special reference to the role of the legs. Physiological Zoology 36, 141-151.

28. Tattersall GJ et al. 2009. Heat exchange from the toucan bill reveals a controllable vascular thermal radiator. Science 325, 468-470.

29. Ancel A et al. 2015. New insights into the huddling dynamics of emperor penguins. Animal Behaviour 110, 91-98.

30. Marzluff JM et al. 2012. Brain imaging reveals neuronal circuitry underlying the crow's perception of human faces. PNAS, doi.org/10.1073/pnas.1206109109.

31. Prior H et al. 2008. Mirror-Induced Behavior in the Magpie (Pica pica), Evidence of Self-Recognition. PLoS Biology.

32. Olkowicz S et al. 2016. Birds have primate-like numbers of neurons in the forebrain. PNAS 113, 7255-7260.

33. Weimerskirch H et al. 2016. Frigate birds track atmospheric conditions over months-long transoceanic flights. Science 353, 74-78. .

34. Hedenström Aet al. 2016. Annual 10-month aerial life phase in the common swift Apus apus. Current Biology 26, 3066-3070.

35. Krüger Ket al. 1982. Torpor and metabolism in hummingbirds. Comparative Biochemistry and Physiology Part A, Physiology 73, 679-689.

36. Riyahi S et al. 2013. Beak and skull shapes of human commensal and non-commensal house sparrows Passer domesticus. BMC Evolutionary Biology 13, 200.

37. Huchins HE et al. 1982. The central role of Clark's nutcracker in the dispersal and establishment of whitebark pine. Oecologia 55, 192-201.

38. Rico-Guevara A et al. 2011. The hummingbird tongue is a fluid trap, not a capillary tube. Proceedings of the National Academy of Sciences, 108, 9356-9360.

39. Rico-Guevara A et al. 2015. Hummingbird tongues are elastic micropumps. Proceedings of the Royal Society B, Biological Sciences 282, 20151014.

40. Tello-Ramos MC et al. 2015. Time–place learning in wild, free-living hummingbirds. Animal Behaviour 104, 123-129.

41. Temeles EJ et al. 2006. Traplining by purple-throated carib hummingbirds, behavioral responses to competition and nectar availability. Behavioral Ecology and Sociobiology 61, 163-172.

42. Coulson JO, Coulson TD. 2013. Reexamining cooperative hunting in Harris's Hawk (Parabuteo unicinctus), large prey or challenging habitats?. The Auk 130, 548-552.

43. Payne RS. 1971. Acoustic location of prey by barn owls (Tyto alba). Journal of Experimental Biology 54, 535-573.

44. Sane-Jose LM et al. 2019. Differential fitness effects of moonlight on plumage colour morphs in barn owls. Nature Ecology & Evolution 3, 1331–1340.

45. Sustaita D et al. 2018. Come on baby, let's do the twist, the kinematics of killing in loggerhead shrikes. Biology Letters 14, 20180321.

46. Mumme RL. 2002. Scare tactics in a Neotropical warbler, White tail feathers enhance flush–pursuit foraging performance in the Slate-throated Redstart (Myioborus miniatus). The Auk 119, 1024-1035.

47. Nyffeler M et al. 2018. Insectivorous birds consume an estimated 400-500 million tons of prey annually. The Science of Nature 105, 47.

48. Osborne BC. 1982. Foot-trembling and feeding behaviour in the Ringed Plover Charadrius hiaticula. Bird Study 29, 209-212.

49. Gutiérrez JS, Soriano-Redondo A. 2018. Wilson's Phalaropes can double their feeding rate by associating with Chilean Flamingos. Ardea 106, 131-139.

50. Evans J et al. 2019. Social information use and collective foraging in a pursuit diving seabird. PLoS ONE 14(9).

51. Vickery JA, Brooke MDL. 1994. The kleptoparasitic interactions between great frigatebirds and masked boobies on Henderson Island, South Pacific. The Condor 96, 331-340.

52. Goumas M et al. 2019. Herring gulls respond to human gaze direction. Biology Letters 15(8).

53. Savoca MS et al. 2016. Marine plastic debris emits a keystone infochemical for olfactory foraging seabirds. Science advances 2(11), e1600395.

54. Budka M et al. 2018. Vocal individuality in drumming in great spotted woodpecker-A biological perspective and implications for conservation. PLoS ONE 13(2).

55. Templeton CN et al. 2005. Allometry of alarm calls, black-capped chickadees encode information about predator size. Science 308, 1934-1937.

56. Templeton CN, Greene E. 2007. Nuthatches eavesdrop on variations in heterospecific chickadee mobbing alarm calls. PNAS 104, 5479-5482.

57. 蔡育倫。2005。藪鳥鳴唱聲的地理變異。國立臺灣大學森林環境暨資源學研究所學位論文。

58. Krause J, Ruxton GD. 2002. Living in groups. Oxford University Press.

59. 林大利。2012。當我們同在一起：動物群體生活之利與弊。自然保育季刊，80, 4-11。

60. Connelly JW et al. 2004. Conservation assessment of greater sage-grouse and sagebrush habitats. All US Government Documents (Utah Regional Depository), 73.

61. Küpper C et al. 2016. A supergene determines highly divergent male reproductive morphs in the ruff. Nature Genetics 48, 79-83.

62. Lamichhaney S. et al. 2016. Structural genomic changes underlie alternative reproductive strategies in the ruff (Philomachus pugnax). Nature Genetics 48, 84-88.

63. Kempenaers B, Valcu M. 2017. Breeding site sampling across the Arctic by individual males of a polygynous shorebird. Nature 541, 528-531.

64. Lesku JA et al. 2012. Adaptive sleep loss in polygynous pectoral sandpipers. Science 337, 1654-1658.

65. McCoy DE et al.2018. Structural absorption by barbule microstructures of super black bird of paradise feathers. Nature Communications 9, 1.

66. Edelman AJ, McDonald DB. 2014. Structure of male cooperation networks at long-tailed manakin leks. Animal Behaviour 97, 125-133.

67. Fang Y-T et al. 2018. Asynchronous evolution of interdependent nest characters across the avian phylogeny. Nature Communications 9, 1-8.

68. Petit C et al. 2002. Blue tits use selected plants and olfaction to maintain an aromatic environment for nestlings. Ecology Letters 5, 585-589.

69. Levey DJ et al. 2004. Use of dung as a tool by burrowing owls. Nature 431, 39.

70. Gehlbach FR, Baldridge RS. 1987. Live blind snakes (Leptotyphlops dulcis) in eastern screech owl (Otus asio) nests, a novel commensalism. Oecologia 71, 560-563.

71. Greeney HF et al. 2015. Trait-mediated trophic cascade creates enemy-free space for nesting hummingbirds. Science Advances 1(8), e1500310.

72. Collias EC, Collias NE. 1978. Nest building and nesting behaviour of the Sociable Weaver Philetairus socius. Ibis 120, 1-15.

73. Morgan SM et al. 2003. Foot-mediated incubation, Nazca booby (Sula granti) feet as surrogate brood patches. Physiological and Biochemical Zoology 76, 360-366.

74. Anderson DJ. 1989. The role of hatching asynchrony in siblicidal brood reduction of two booby species. Behavioral Ecology and Sociobiology 25, 363-368.

75. Humphreys RK, Ruxton GD. 2020. Avian distraction displays, a review. Ibis

76. Krüger O. 2005. The evolution of reversed sexual size dimorphism in hawks, falcons and owls, a comparative study. Evolutionary Ecology 19, 467-486.

77. Slagsvold T, Sonerud GA. 2007. Prey size and ingestion rate in raptors, importance for sex roles and reversed sexual size dimorphism. Journal of Avian Biology 38, 650-661.

78. https,//www.fws.gov/refuge/Midway_Atoll/

79. https,//usfwspacific.tumblr.com/post/182616811095/wisdom-has-a-new-chick

80. Stoddard MC, Hauber ME. 2017. Colour, vision and coevolution in avian brood parasitism. Philosophical Transactions of the Royal Society B, Biological Sciences, 372, 20160339.

81. Stevens M. 2013. Bird brood parasitism. Current Biology 23, R909-R913.

82. Emlen ST, Vehrencamp SL. 1983. Cooperative breeding

strategies among birds. Perspectives in Ornithology 93-120.

83. 劉小如。1998。陽明山公園內台灣藍鵲合作生殖之研究。陽明山國家公園管理處委託研究計畫。

84. Yuan H-W et al. 2004. Joint nesting in Taiwan Yuhinas, a rare passerine case. The Condor 106, 862-872.

85. Yuan H-W et al. 2005. Group-size effects and parental investment strategies during incubation in joint-nesting Taiwan Yuhinas (Yuhina brunneiceps). The Wilson Journal of Ornithology, 117, 306-313.

86. Newton I. 2007. The Migration Ecology of Birds. Elsevier Science Publishing.

87. Kuo Y et al. 2013. Bird Species Migration Ratio in East Asia, Australia, and Surrounding Islands. Naturwissenschaften 100, 729-738.

88. https://www.birdlife.org/asia/programme-additional-info/migratory-birds-and-flyways-asia-wiki

89. Wiegardt A et al. 2017. Postbreeding elevational movements of western songbirds in Northern California and Southern Oregon. Ecology and Evolution 7, 7750-7764.

90. Nisbet ICT et al. 1963. Weight-loss during migration Part I, Deposition and consumption of fat by the Blackpoll Warbler Dendroica striata. Bird-banding 107-138.

91. DeLuca WV et al. 2015. Transoceanic migration by a 12 g songbird. Biology Letters 11, 20141045.

92. Hargrove JL. 2005. Adipose energy stores, physical work, and the metabolic syndrome, lessons from hummingbirds. Nutrition Journal 4, 36.

93. Alerstam T. 2009. Flight by night or day? Optimal daily timing of bird migration. Journal of Theoretical Biology 258, 530-536.

94. Portugal SJ et al. 2014. Upwash exploitation and downwash avoidance by flap phasing in ibis formation flight. Nature 505, 399-402.

95. Wiltschko W et al. 2009. Avian orientation, the pulse effect is mediated by the magnetite receptor in the upper beak. Proceedings of Royal Society B, Biological Science 276, 2227-2232.

96. Wiltschko R, Wiltschko W. 2009. Avian navigation. Auk 126, 717-743.

97. Tseng W. 2017. Wintering ecology and nomadic movement patterns of Short-eared Owls Asio flammeus on a subtropical island. Bird Study 64, 317-327.

98. Saino N et al. 2010. Sex-related variation in migration phenology in relation to sexual dimorphism, a test of competing hypotheses for the evolution of protandry. Journal of Evolutionary Biology 23, 2054-2065.

99. Ma Z et al. 2014. Rethinking China's new great wall. Science 346, 912-914.

100. Studds CE et al. 2017. Rapid population decline in migratory shorebirds relying on Yellow Sea tidal mudflats as stopover sites. Nature Communications 8, 14895.

101. Cabrera-Cruz SA et al. 2018. Light pollution is greatest within migration passage areas for nocturnally-migrating birds around the world. Scientific Reports 8, 3261.

102. van Gils JA et al. 2016. Body shrinkage due to Arctic warming reduces red knot fitness in tropical wintering range. Science 352, 819-821.

103. Horton KG et al. 2020. Phenology of nocturnal avian migration has shifted at the continental scale. Nature Climate Change 10, 63-68.

104. Freeman BG et al. 2018. Climate change causes upslope shifts and mountaintop extirpations in a tropical bird community. Proceedings of the National Academy of Sciences 115, 11982-11987.

105. 丁宗蘇。2014。氣候變遷之高山生態系指標物種研究 - 鳥類指標物種調查及脆弱度分析。玉山國家公園管理處委託研究計畫。

106. Gill JrRE. 2009. Extreme endurance flights by landbirds crossing the Pacific Ocean, ecological corridor rather than barrier?. Proceedings of the Royal Society B, Biological Sciences 276, 447-457.

107. Egevang C et al. 2010. Tracking of Arctic terns Sterna paradisaea reveals longest animal migration. Proceedings of the National Academy of Sciences 107, 2078-2081.

108. Bishop CM et al. 2015. The roller coaster flight strategy of bar-headed geese conserves energy during Himalayan migrations. Science 347, 250-254.

109. Klassen RH et al. 2011. Great flights by great snipes, long and fast non-stop migration over benign habitats. Biology Letters 7, 833-835.